ÉNUMÉRATION

DES

GENRES DE PLANTES

CULTIVÉS

AU MUSÉUM D'HISTOIRE NATURELLE DE PARIS.

IMPRIMERIE DE L. MARTINET,
Rue Mignon, 2, quartier de l'École-de-Médecine.

ÉNUMÉRATION

DES

GENRES DE PLANTES

CULTIVÉS

AU MUSÉUM D'HISTOIRE NATURELLE DE PARIS,

SUIVANT

L'ORDRE ÉTABLI DANS L'ÉCOLE DE BOTANIQUE

EN **1843**,

PAR M. ADOLPHE BRONGNIART,

MEMBRE DE L'INSTITUT,
PROFESSEUR DE BOTANIQUE AU MUSÉUM.

Nulla hic valet regula a priori, nec una vel altera pars
fructificationis, sed solum simplex symmetria omnium
partium, quam notæ sæpe propriæ indicant.
(LINN., *Fragm. meth. Nat.* Classes Plant., p. 487.)

Sciant nullam partem universalem magis valere quam
illam a situ, præsertim seminis, in semine punctum ve-
getans.

(LINN, *ibid.*)

Deuxième édition, revue et augmentée.

PARIS,

J.-B. BAILLIÈRE,

LIBRAIRE DE L'ACADÉMIE NATIONALE DE MÉDECINE,

19, rue Hautefeuille;

A LONDRES, CHEZ H. BAILLIÈRE, 219, REGENT-STREET,

A MADRID, CHEZ BAILLY-BAILLIÈRE, CALLE DEL PRINCIPE, 11.

A NEW-YORK, CHEZ H. BAILLIÈRE.

1850.

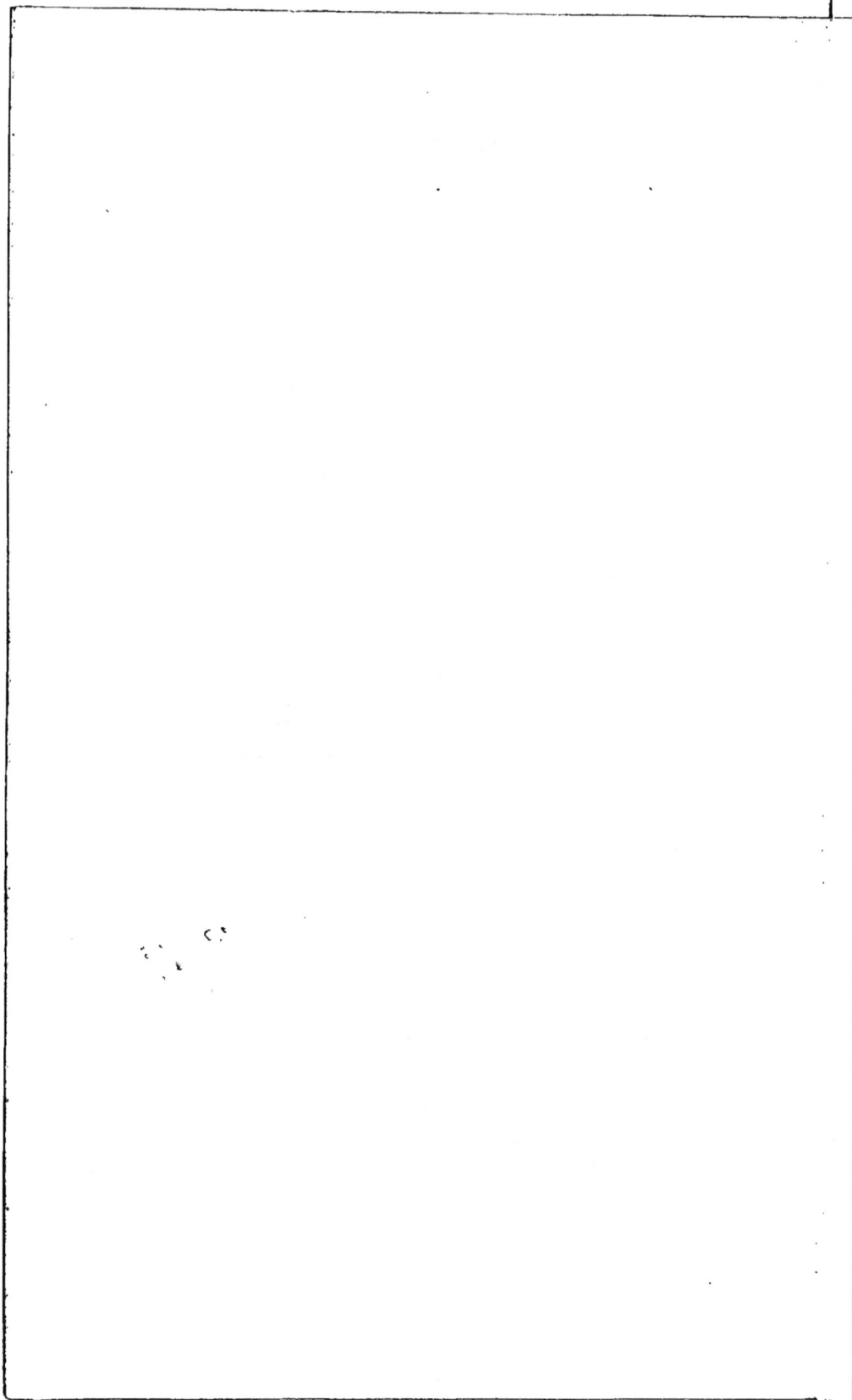

INTRODUCTION.

L'École de Botanique du Muséum d'Histoire naturelle de Paris, replantée en dernier lieu en 1824,
par les soins de M. Desfontaines, n'avait pu depuis
cette époque se ressentir des améliorations qu'une
étude plus approfondie de beaucoup de familles
avait apportées dans la classification générale.

C'est depuis lors, en effet, qu'ont été publiés les
traités généraux de De Candolle, de Bartling, de
Lindley, d'Endlicher, et plusieurs ouvrages des
botanistes les plus distingués de notre temps, plus
limités par leur sujet, mais précieux par les observations et les idées qu'ils renferment sur la classification générale, ou sur quelques points de la série
végétale en particulier.

Tous avaient cherché à perfectionner, soit dans
son ensemble, soit dans quelques unes de ses parties, la classification naturelle du règne végétal, et,
quoique leurs résultats fussent loin de s'accorder,
on ne pouvait se refuser à reconnaître qu'ils indi-
quaient la nécessité d'apporter quelques changements assez importants à la série établie par A.-L.
de Jussieu.

Appelé par l'extension donnée à l'École de Bo-

1*

tanique du Muséum à la replanter en entier dans
l'hiver de 1842 à 1843, j'ai longtemps hésité si je
me conformerais complétement à une des méthodes
suivies dans les ouvrages publiés récemment, ou
si, profitant des idées déposées dans ces divers
ouvrages et de quelques recherches particulières,
je me déciderais à m'écarter en quelques points de
ces ouvrages.

J'ai été conduit à adopter ce dernier parti, par
suite d'un changement assez important qu'il m'a
semblé indispensable d'apporter aux méthodes
adoptées par les divers auteurs entre lesquels je
pouvais hésiter et qui m'a paru résulter nécessairement de presque tous les travaux récents sur
l'organisation générale de la fleur. Je veux parler
de la suppression de la division des Dicotylédones
apétales et de la fusion des familles qu'elle com-
prenait parmi les polypétales ou dialypétales.

Déjà les Diclines de de Jussieu avaient été réu-
nies par presque tous les auteurs modernes aux
apétales, et plusieurs groupes importants de
célles-ci avaient été reportés aux polypétales. Telles
étaient les Euphorbiacées, par Endlicher ; les Ama-
ranthacées et les Chénopodées, par Bartling.

Les apétales ne paraissent en général qu'un état
imparfait des dialypétales ; aussi se représentent-
elles en nombre plus ou moins considérable dans la
plupart des familles de cette série, et beaucoup

des familles qu'on considère comme essentiellement apétales, offrent-elles dans quelques uns de
leurs genres des organes qu'on doit considérer
comme des pétalesi mparfaits et rudimentaires.
On peut prévoir que plus nos connaissances s'é-
tendront et plus les rapports des apétales et des
dialypétales se multiplieront. Il devait donc arriver
un moment où tous les botanistes reconnaîtraient
la nécessité de cette fusion.

Mais un jardin de Botanique ne se modifie pas
comme l'ordre d'une collection ou les pages d'un
catalogue, et de même qu'il reste quelquefois pendant longtemps en arrière des travaux nouveaux,
il doit dans certains cas devancer les changements
qui se préparent dans la science.

Cette dispersion des familles apétales parmi les
dialypétales, m'obligeant à modifier toutes les clas-
sifications déjà admises, j'ai fait tous mes efforts
pour améliorer le groupement des familles en
classes naturelles; cependant j'ose à peine me
flatter d'avoir approché plus près du but que ceux
qui m'ont précédé, car je reconnais qu'il aurait
fallu consacrer à ce travail beaucoup plus de temps
que ne me le permettait l'obligation de terminer
cette plantation en une année, et depuis lors les
changements partiels que des recherches nouvelles
pourraient m'engager à apporter à quelques points
de cette série des familles sont devenus presque im-

possibles par le remaniement qu'ils entraîneraient dans l'ensemble de la plantation.

Tous les naturalistes savent d'ailleurs et ont proclamé depuis longtemps, qu'une série linéaire naturelle est une chose impossible ; en admettant certains rapports on en rompt nécessairement d'autres, et l'on doit seulement tâcher de conserver les liens les plus forts, de rompre les plus faibles. Là se trouve la difficulté, car la subordination des caractères, ou la valeur prédominante de tel caractère sur tel autre, est loin d'être admise de la même manière par tous les botanistes, et même lorsqu'on serait d'accord à cet égard, tout prouve qu'un caractère du premier ordre, ordinairement prédominant, doit, dans certains cas, céder devant la réunion d'un nombre plus ou moins considérable de caractères du second ordre.

La règle qui m'a paru la plus certaine pour diriger dans l'appréciation de la valeur relative des caractères, n'est pas une échelle établie *a priori* d'après l'importance supposée de tel organe ou de telle modification d'organe, mais une évaluation déduite *a posteriori* de l'invariabilité de certains caractères dans les familles les plus naturelles.

Cette invariabilité est absolue pour les caractères du premier ordre, ceux fournis par le nombre et l'insertion des Cotylédons. Ceux tirés parmi les Dicotylédones de la nature de la corolle gamopétale ou dialypétale, sont ensuite les moins sujets à variation dans une même famille. Puis viennent ceux fournis par l'insertion des étamines qui sont plus sujets à exception, mais cependant dans des cas assez rares; enfin la structure de la graine, particulièrement l'absence ou la présence du périsperme et sa nature, et la direction de l'embryon, sont les caractères qui, avec ceux fournis par la préfloraison et les relations numériques des parties de la fleur, m'ont paru offrir le plus de valeur pour grouper les familles en classes naturelles.

Quant au périsperme, sa nature m'a semblé, dans certain cas, avoir plus d'importance même que son absence ou sa présence. Mais par cette nature du périsperme, j'entends seulement la présence ou l'absence de la fécule. Les périspermes charnus (huileux et albumineux), et les périspermes cornés, qui ne diffèrent que par l'épaississement plus ou moins considérable des parois des cellules, mais qui renferment toujours dans diverses proportions les mêmes substances, passent de l'un à l'autre par des nuances insensibles et existent souvent simultanément dans une même famille; au contraire, les périspermes farineux, c'est-à-dire amylacés, quelle que soit leur consistance, ne me paraissent pas se rencontrer dans une même famille naturelle avec des périspermes dépourvus de fécule.

Du reste, la présence d'un périsperme charnu n'acquiert, je pense, une véritable importance que lorsqu'il offre un assez grand développement pour l'emporter de beaucoup sur le volume de l'embryon. Nous voyons même, dans quelques familles, ce tissu ordinairement très développé manquer complétement dans quelques espèces ; ce sont surtout les plantes aquatiques qui présentent ces exceptions, comme on l'observe dans les Aroïdées.

La direction de l'embryon déterminée par celle de la radicule me paraît, contrairement aux principes admis par la plupart des botanistes modernes, avoir bien plus d'importance, considérée relativement au péricarpe, surtout lorsque les graines sont en nombre défini, que relativement au hile ; la radicule, ou, ce qui est la même chose, le micropyle supérieur ou inférieur, indiquant en général une différence essentielle dans le mode de transmission de la matière fécondante ; aussi nous voyons assez souvent le micropyle conserver dans une même famille sa position par rapport à l'ovaire et offrir au contraire une position inverse relativement au hile dans des ovules dressés ou suspendus, par exemple dans les Urticinées.

Cependant ces divers caractères sont loin d'être invariables dans toutes les familles, et à plus forte raison dans une même classe naturelle, et en indiquant dans le tableau qui suit cette introduction, les caractères des classes dans lesquelles j'ai groupé les familles naturelles, et les divers caractères plus généraux d'après lesquels j'ai rapproché ces classes, je dois faire remarquer que ces caractères sont ceux qui appartiennent à la majorité des plantes de chacun de ces groupes et non des caractères absolus et sans exception. J'ai signalé souvent les exceptions les plus notables, celles qui portent sur des groupes assez étendus, mais je n'ai pas pu dans cette exposition très sommaire et destinée seulement à faciliter l'étude de ce nouveau classement du jardin, citer toutes les exceptions de détail. Dans ce catalogue, je me suis contenté de mettre un point de doute après le numéro des familles dont la position me paraît douteuse ou qui présentent des exceptions importantes au caractère de la classe ou de la division dans laquelle elles sont placées. Plus tard, dans un tableau plus étendu des familles du règne végétal, j'espère exposer d'une manière plus complète ces modifications de structure des diverses classes naturelles.

Cependant, pour mieux faire apprécier les principes qui m'ont dirigé dans cette classification, j'ajouterai ici quelques considérations générales sur ce que j'appellerai les *types végétaux*.

Lorsque nous considérons avec attention les divers groupes de végétaux qui constituent les genres,

les familles ou les classes naturelles, particulièrement dans leur organisation florale, nous voyons
que leurs différences dépendent de deux sortes de
modifications principales. Tantôt cette organisation
de la fleur, considérée dans toutes ses parties et
dans le fruit et la graine qui en proviennent, est
constituée d'après des types complétement différents, incompatibles, pour ainsi dire, l'un avec
l'autre ; c'est ce qui a lieu lorsque les organes com-
posant la fleur ou le fruit ont une structure propre
essentiellement distincte, ou lorsque leurs rapports
d'insertion ou plutôt d'origine entraînent une symétrie florale absolument différente ; tantôt, au
contraire, des différences très apparentes et souvent plus frappantes au premier coup d'œil que les
précédentes peuvent n'être considérées que comme
des déviations d'un même type résultant de l'avortement, de la soudure ou de la multiplication de
certains organes.

Les diversités de structure qui supposent une
différence essentielle dans le type fondamental doi-
vent nécessairement faire placer dans des classes
naturelles distinctes les végétaux qui les présentent ; des différences même très grandes, dérivant
d'un même type, peuvent, au contraire, ne pas
mettre obstacle à la réunion des genres qui les of-
frent dans une même classe naturelle ; c'est ce que
les maîtres de la science n'ont pas hésité à faire,

lorsque les liens qui rattachaient ces divers chaînons au type principal ont été bien reconnus. Ainsi, depuis le *Genera Plantarum* d'A.-L. de Jussieu, on n'a pas hésité à réunir dans une même famille la Rose ou la Potentille à fleurs parfaitement complètes avec l'*Alchemilla* à fleurs apétales, mais hermaphrodites, et le *Poterium* ou le *Cliffortia* à fleurs apétales et diclines.

Personne ne doute non plus qu'on ne doive réunir dans une même classe naturelle, comme M. R. Brown l'a indiqué, les Malvacées à fleurs si complètes, les Buttnériacées, la plupart apétales, et les Sterculiacées à fleurs généralement unisexuées; de même, on a toujours réuni dans la famille des Euphorbiacées, les *Croton* ou les *Andrachne* à corolle réellement dialypétale, les *Jatropha* à corolle gamopétale, le buis ou la mercuriale dépourvus de pétales et le *Colliguaja* qui n'a plus même de calice et devient une vraie Amentacée. C'est que dans ces formes si diverses en apparence on retrouve la même symétrie florale dans tous les organes qui persistent et la même structure essentielle dans chacun de ces organes considérés isolément; c'est que l'insertion relative des diverses parties de la fleur, le pistil, le fruit et la graine surtout, restent toujours semblables.

Ce principe, admis depuis longtemps pour la coordination des genres dans diverses familles ou

2

classes du règne végétal, ne doit-il pas diriger, à plus
forte raison, dans la recherche des affinités encore
obscures des familles entre elles, et ne doit-on pas
admettre d'une manière générale que, les végétaux
à fleurs incomplètes, apétales, asépales ou diclines n'étant que des formes imparfaites d'un type
plus complet, il faut chercher à retrouver ce type
plus parfait 1° par l'examen des formes les moins
imparfaites de ces groupes ; 2° en cherchant à re-
former par l'analogie cette organisation incom-
plète ; 3° en la comparant aux formes les plus imparfaites des groupes ordinairement plus complets
dont elle présenterait quelques uns des caractères
principaux.

C'est ainsi que les formes les plus complètes des
Amarantacées, telles que les *Celosia*, se lient d'une
manière évidente aux Paronychiées, qui elles-
mêmes sont une sorte de dégradation du type des
Caryophyllées et établissent le lien entre ces deux
extrêmes.

Mais lorsque la séparation des sexes vient s'a-
jouter à l'absence des pétales et souvent à l'état imparfait du calice lui-même, les organes qui, dans
la fleur ainsi réduite, peuvent servir à signaler les
rapports de ces végétaux, sont bien peu nombreux,
et la structure du pistil, du fruit et de la graine,
reste presque seule pour diriger le botaniste.

Cependant, quelquefois l'observation attentive

des traces imparfaites des organes avortés, l'appréciation de tous les caractères fournis par les organes encore existants peut suffire pour signaler des rapports jusqu'alors négligés par les auteurs qui ont considéré le degré de composition de la fleur comme une des bases essentielles de la classification en séparant d'une manière absolue les apétales et les diclines des végétaux à fleurs complètes.

Pour en citer un exemple, le *Liquidambar* ou la petite famille des *Balsamifluées* par ses fleurs apétales, unisexuées et amentacées a toujours été placée comme les autres Amentacées parmi les végétaux dont les fleurs sont les plus imparfaites. Cependant l'examen de son ovaire semi-adhérent à un calice assez développé, de ses ovules, de son fruit déhiscent et de sa graine, montre qu'il diffère si peu d'une Hamamélidée apétale, telle que le *Fothergilla*, que ce n'est, pour ainsi dire, qu'un degré plus inférieur de la même organisation, les Hamamélidées ordinaires offrant le type complet, le *Fothergilla*, un premier degré de réduction par ses fleurs apétales et en chaton, mais hermaphrodites, et le *Liquidambar* à fleurs apétales, diclines et complétement amentacées, nous montrant l'état le plus imparfait de ce même type.

Dans les divers exemples que je viens de citer, les différents degrés de l'échelle sont bien reconnus,

et presque toujours le type complet, offrant dans
sa fleur tous les organes constitutifs essentiels, oc-
cupe le sommet de la série. Dans les Euphorbiacées, au contraire, la fleur même, lorsque ses en-
veloppes florales deviennent aussi complètes que
possible, reste unisexuée, et, par conséquent, encore très imparfaite.

Mais il y a beaucoup de cas où évidemment un
type floral n'offre pas ces divers degrés d'organisation. Tantôt nous ne le connaissons que dans sa
forme la plus parfaite, tantôt, au contraire, nous
n'en connaissons, du moins jusqu'à présent, que
les formes incomplètes. Ainsi, les familles à fleurs
essentiellement gamopétales ne paraissent pas offrir de formes apétales ou diclines, et c'est même
une des considérations qui peuvent porter à regarder
cette division des Dicotylédones comme occupant
le sommet de la série générale des Dicotylédones.

Il en est de même pour quelques familles de
Dialypétales, dont aucune forme imparfaite ne sem-
ble se rapprocher, et qui paraissent n'exister que
sous la forme la plus complète ; telles sont, par
exemple, les Crucifères. Dans d'autres cas, la forme
imparfaite apétale et même dicline existe probablement seule ; mais cependant, avant d'admettre
l'isolement de ces groupes et de renoncer à trouver
les termes plus élevés de leur série, il faudra que
des recherches soient dirigées dans ce but particu-

lier. Les formes diclines, souvent asépales, qui constituent les familles amentacées, seront encore longtemps celles dont les rapports seront les plus difficiles à établir, et probablement cette classe des amentacées réunit actuellement l'état imparfait de plusieurs types distincts. Dans la recherche de ces affinités, les caractères fournis par les organes de la végétation, ceux surtout tirés de l'insertion des feuilles, de la disposition des stipules, de la structure de la tige, pourront sans doute ajouter beaucoup de poids à ceux tirés des organes peu nombreux de la fleur pour fixer leurs rapports avec des végétaux à fleurs plus parfaites.

On peut donc admettre qu'on arrivera à reconnaître dans le règne végétal un certain nombre de types qui constitueront les véritables classes naturelles, que ces types, étant supposés présenter la fleur dans son état le plus parfait, sont susceptibles de se modifier, soit par réduction résultant de l'avortement complet de certains systèmes d'organe, donnant naissance aux formes apétales, asépales ou diclines, soit par déformation résultant de l'inégal développement ou de l'avortement partiel de certains organes amenant l'irrégularité de la fleur; que ces transformations analogués des différents types donneraient naissance, si elles étaient toujours complètes, à des séries presque similaires pour chaque type; mais qu'il est évident que tous

2*

ces degrés de modifications n'existent pas ou ne nous sont pas connus pour chaque type; que les séries sont par conséquent incomplètes, soit par absence réelle de plusieurs de leurs termes, soit par suite de notre ignorance, les unes offrant en effet tous les degrés de transformation que je citais plus haut, d'autres n'offrant au contraire que les degrés supérieurs, moyens ou inférieurs de ces séries.

Reconnaître ces divers types d'organisation réellement distincts, leur rattacher les diverses formes qui proviennent de leur altération, compléter autant que possible les séries formées par ces modifications des divers types en se servant de tous les caractères que la structure de tous les organes peut fournir, tel me paraît être le but essentiel de la botanique de classification à l'époque actuelle.

Dans l'état présent de la science, ceux de ces types déjà reconnus correspondent tantôt à des familles naturelles, tantôt à des classes réunissant plusieurs familles; quelquefois plusieurs de ces classes se rattachent probablement à un seul et même type. Enfin, dans d'autres cas, les divers groupes dépendant d'un même type sont encore dispersés dans des classes diverses.

La série linéaire continue qu'on est nécessairement contraint d'admettre dans un livre ou dans les plates-bandes d'un jardin et le désir naturel de lier et d'enchaîner autant que possible les divers termes de cette série générale, de manière à établir des transitions graduelles entre les divers groupes, empêchent généralement de conserver d'une manière nette ces séries partielles d'un même type, dont le terme inférieur se trouverait ainsi en contact avec le terme plus élevé de la série suivante. C'est par des tableaux où ces séries seraient placées parallèlement l'une à l'autre, de manière que les termes analogues pussent se correspondre, qu'on pourrait, comme dans une table à double entrée, montrer, au moins en partie, les rapports multiples de ces divers degrés d'organisation.

Je dois faire remarquer ici quant à la série générale des familles de plantes dicotylédones, que si j'avais eu l'intention de passer du simple au composé comme pour les monocotylédones, j'aurais dû commencer par les gymnospermes, puis par les dialypétales et finir par les gamopétales, et, dans un livre, ce serait probablement la marche la plus naturelle à suivre; mais dans la plantation du jardin, des considérations matérielles m'ont fait adopter l'ordre inverse qui, rejetant les principales familles de végétaux arborescents à la fin, me permettait, sans nuire à l'étude, de leur donner plus d'espace et d'en former un abri vers le nord pour le reste du jardin.

J'ai cherché à indiquer dans cette énumération,

non seulement les familles dont il existe des exemples cultivés au Muséum d'histoire naturelle, mais même celles qui n'y sont pas représentées et dont la structure est suffisamment connue pour qu'elles pussent être classées avec quelque certitude, mais ces dernières ne sont suivies de l'indication d'aucun genre et signalent ainsi les *desiderata* les plus importants de notre Jardin.

TABLEAU

DES

CLASSES DU RÈGNE VÉGÉTAL.

Ire DIVISION. CRYPTOGAMES.

Végétaux dépourvus d'étamines, de pistils et même d'ovules. Embryon simple, homogène, sans organes distincts, ordinairement formé d'une seule vésicule.

1er EMBRANCHEMENT. AMPHIGÈNES.

Point d'axe et d'organes appendiculaires distincts; croissance périphérique; reproduction par des spores ou embryons nus.

CLASSE 1. ALGUES.

Fronde celluleuse vivant dans l'eau douce ou salée (rarement dans l'air très humide), fixée par des crampons ou des radicelles.

ORDRE 1. *Zoosporées.* — Spores vertes développées dans les utricules du tissu même de la plante, jouissant de mouvements spontanés immédiatement après leur sortie de ces cellules.

1. Oscillatoriées. — 2. Nostochinées. — 3. Confervacées. — 4. Ulvacées. — 5. Caulerpées.

ORDRE 2. *Aplosporées.* — Spores vertes ou brunes, développées dans des utricules spéciales et superficielles, dépourvues de mouvements spontanés.

6. Spongodiées. — 7. Laminariées. — 8. Fucacées.

ORDRE 3. *Choristosporées*. — Spores rouges, développées 4 par 4 dans des cellules spéciales , faisant partie du tissu général de la plante, dépourvues de mouvement. (Souvent un second mode de formation de spores dans des conceptacles.)

9. Rytiphlées. — 10. Chondriées.

CLASSE 2. CHAMPIGNONS.

Thallus filamenteux (*Mycelium*), développé sous la terre ou dans les êtres organisés morts ou vivants, produisant au dehors les organes reproducteurs.

ORDRE 1. *Hyphomycées*. — Mycelium ou thallus filamenteux produisant directement sur une partie de ses rameaux les spores ou les vésicules qui les renferment.

11. Mucédinées. — 12. Mucorées. — 13. Urédinées.

ORDRE 2. *Gastéromycées*. — Mycelium produisant des excroissances fongueuses (champignons), dont la partie externe forme une enveloppe (*peridium*), contenant dans son intérieur des utricules producteurs des spores (sporanges ou basides).

14. Tubéracées. — 15. Lycoperdacées. — 16. Clathracées.

ORDRE 3. *Hyménomycées*. — Mycelium produisant des excroissances fongueuses (champignons), dont une partie de la surface (*hymenium*) est formée par les utricules producteurs des spores (basides ou thèques).

17. Agaricinées. — 18. Pézizées.

ORDRE 4. *Scléromycées*. — Mycelium produisant des excroissances fongueuses, contenant un ou plusieurs *peridium* durs renfermant des thèques.

19. Hypoxylées.

CLASSE 3. LICHENÉES.

Fronde de forme très diverse, vivant dans l'air, fixée par des fibrilles celluleuses (sans thallus développé dans les corps sous-jacents). Fructification occupant des parties limitées de la surface de la fronde, formée de thèques mêlées à des paraphyses.

20. Lichens.

2ᵉ EMBRANCHEMENT. ACROGÈNES.

Axe et organes appendiculaires distincts : tiges croissant par l'extrémité seule, sans addition de nouvelles parties vers la base. — Reproduction par des séminules ou embryons recouverts d'un tégument, mais n'adhérant pas par un funicule aux parois des capsules qui les renferment.

CLASSE 4. MUSCINÉES.

Organes mâles : Anthéridies. — *Organes femelles :* Capsules renfermées dans une coiffe tubulée, insérées à l'aisselle des feuilles, lorsqu'il y a une tige et des feuilles distinctes.

21. Hépatiques. — 22. Mousses.

CLASSE 5. FILICINÉES.

Organes mâles de structure variée et souvent problématiques. — *Organes femelles :* Capsules portées sur des feuilles développées ou sur des feuilles avortées, toujours dépourvues de coiffe membraneuse et tubulée.

23. Fougères. — 24. Marsiléacées. — 25. Lycopodiacées. — 26. Equisétacées. — 27. Characées.

2ᵉ DIVISION. PHANÉROGAMES.

Organes sexuels évidents, formés d'étamines et d'ovules nus ou renfermés dans un pistil. — Embryon composé, parenchymateux, hétérogène ou formé de plusieurs parties distinctes. — Parties anciennes des tiges vivaces s'accroissant par addition de nouveaux tissus.

3ᶜ EMBRANCHEMENT. MONOCOTYLÉDONES.

Embryon à un seul cotylédon. — Tiges composées de faisceaux fibro-vasculaires épars dans la masse du tissu cellulaire, ne formant pas un cercle régulier : les tiges vivaces ne s'accroissant pas par des zones concentriques distinctes de bois et d'écorce.

1ʳᵉ SÉRIE. PÉRISPERMÉES. Embryon accompagné d'un périsperme (1).

§ 1. *Périanthe nul ou sépales non pétaloïdes. — Périsperme amylacé.*

CLASSE 6. GLUMACÉES.

Périanthe nul ; organes reproducteurs recouverts par les bractées seules ; pistil uni-ovulé ; embryon placé en dehors du périsperme.

28. Graminées. — 29. Cypéracées.

CLASSE 7. JONCINÉES,

Périanthe à sépales glumacés ou verts ; pétales glumacés ou corolloïdes. Embryon souvent en dehors du périsperme.

30. Restiacées. — 31. Eriocaulonées. — 32. Xyridées. — 33. Commelynées. — 34. Joncacées.

CLASSE 8. AROÏDÉES.

Périanthe nul ou très imparfait ; fleurs sessiles sur un spadice simple et le plus souvent enveloppées par une spathe, souvent unisexuées. Pistil composé de 1 6 carpelles, uni- ou pluri-ovulés. Embryon entouré par le périsperme.

35. Aracées. — 36. Typhacées.

---

(1) Il y a quelques exceptions à ce caractère dans un petit nombre d'Aroïdées.

§ 2. *Périanthe nul ou double, sépaloïde ou pétaloïde.* — *Périsperme charnu ou corné, oléo-albumineux, sans fécule.*

CLASSE 9. PANDANOIDÉES.

Fleurs unisexuées, sessiles sur un spadice. Périanthe nul ou très imparfait. Périsperme charnu, huileux.

37. Cyclanthées. — 38. Freycinetiées. — 39. Pandanées.

CLASSE 10. PHOENICOIDÉES.

Fleurs sessiles sur un spadice simple ou rameux, renfermées dans une spathe simple ou multiple, souvent unisexuées. Périanthe double, sépaloïde. Étam. 3, 6, ou nombreuses. Pistil 1-3-carpellé, à carpelles uniovulés. Fruit 1-3 sperme, indéhiscent. Périsperme corné ou huileux.

40. Nipacées. — 41. Phytéléphasiées. — 42. Palmiers.

CLASSE 11. LIRIOIDÉES.

Périanthe double, pétaloïde (rarement sépaloïde), libre ou adhérent à l'ovaire. Etamines 3-6. Pistil 3-carpellé. Ovules bisériés nombreux (rarement 2-1). Fruit capsulaire ou bacciforme. Périsperme corné ou charnu.

43. Mélanthacées. — 44 Liliacées. — 45. Gilliésiées. — 46. Amaryllidées.—47. Hypoxidées.—48. Astéliées.— 49. Taccacées. — 50. Dioscorées. — 51. Iridées. — 52. Burmanniacées.

§ 3. *Périanthe double, l'interne ou tous deux pétaloïdes.* *Périsperme amylacé.*

CLASSE 12. BROMÉLIOIDÉES.

Périanthe régulier, libre ou adhérent à l'ovaire. Étamines 3-6 ou rarement plus, toutes fertiles.

53. Hæmodoracées. — 54. Vellosiées. — 55. Broméliacées. — 56. Pontédériacées.

3

CLASSE 13. SCITAMINÉES.

Périanthe irrégulier, adhérent à l'ovaire, une des divisions souvent labelliforme. Étamines en partie stériles ou pétaloïdes, souvent une seule fertile.

57. Musacées. — 58. Cannées. — 59. Zingibéracées.

2ᵉ SÉRIE. APÉRISPERMÉES. Périsperme nul.

CLASSE 14. ORCHIOIDÉES.

Périanthe adhérent, irrégulier ou rarement régulier. Étamines 1-3 soudées avec le style.

60. Orchidées. — 61. Apostasiées.

CLASSE 15. FLUVIALES.

Périanthe libre ou adhérent, double, ou quelquefois nul, l'externe sépaloïde, l'interne pétaloïde. Étamines indépendantes du pistil, souvent dans des fleurs distinctes.

62. Hydrocharidées. — 63. Butomées. — 64. Alismacées. — 65. Nayadées. — 66. Lemnacées.

4ᵉ EMBRANCHEMENT. DICOTYLÉDONES.

Embryon à deux cotylédons opposés ou à cotylédons verticillés. — Tiges présentant des faisceaux fibro-vasculaires formant un cylindre autour d'une moelle centrale, séparables en une zone interne ligneuse et une zone externe corticale, et s'accroissant par des couches concentriques.

1ᵉʳ SOUS-EMBRANCHEMENT. ANGIOSPERMES.

Ovules renfermés dans un ovaire clos, et recevant l'influence de la fécondation par l'intermédiaire d'un stigmate.

1re SÉRIE. **GAMOPÉTALES**. Pétales soudés entre eux (1).

§ 1. PÉRIGYNES. *Étamines et corolle insérées sur le calice adhérent à l'ovaire* (2).

CLASSE 16. CAMPANULINÉES.

Corolle à préfloraison valvaire ou valvaire-plissée. Étamines symétriques, presque toujours indépendantes de la corolle, souvent soudées par les anthères. Stigmate accompagné généralement d'un organe collecteur pour le pollen. Graines à périsperme charnu-huileux. Embryon à cotylédons étroits non foliacés.

Feuilles alternes sans stipules. Suc laiteux.

67. Campanulacées. — 68. Lobéliacées. — 69. Goodéniacées. — 70 ? Stylidiées. — 71. Calycérées. — 72 ? Brunoniacées.

CLASSE 17. ASTÉROIDÉES.

Corolle à préfloraison valvaire. Étamines symétriques insérées sur la corolle, à anthères soudées. Stigmate accompagné de poils collecteurs. Ovaire uniloculaire, ovule solitaire dressé. Périsperme nul. Embryon à radicule inférieure.

Feuilles alternes ou opposées sans stipules.

73. Composées.

CLASSE 18. LONICÉRINÉES.

Corolle à préfloraison imbriquée. Étamines insérées sur la corolle, souvent en partie avortées, à anthères libres. Stigmate sans

---

(1) Ce caractère présente quelques exceptions dans les familles des dernières classes de cette série, les Éricinées et les Diospyrinées et même dans le *Pelletiera* et les *Statice* parmi les Primulinées.

(2) Les Brunoniacées font seules exception à ce caractère.

organe collecteur. Graines suspendues ; périsperme charnu ou nul ; embryon à radicule supérieure.

Feuilles opposées sans stipules.

74. Dipsacées. — 75. Valérianées. — 76. Caprifoliacées.

CLASSE 19. COFFEINÉES.

Corolle à préfloraison valvaire ou contournée. Étamines symétriques insérées sur la corolle. Stigmate sans organe collecteur. Graines ordinairement ascendantes ; périsperme corné. Embryon à cotylédons plats foliacés, à radicule généralement inférieure.

Feuilles opposées ou verticillées, avec stipules.

77. Rubiacées.

§ 2. HYPOGYNES. *Etamines et corolle insérées sous l'ovaire* (1).

† *Anisogynes*. Pistil composé d'un nombre de carpelles moindre que celui des sépales, ordinairement bicarpellé (2).

* *Isostemones*. Étamines en nombre égal aux divisions de la corolle, alternant avec elles.

CLASSE 20. ASCLÉPIADINÉES.

Corolle à préfloraison valvaire ou contournée. Pistil à 2 carpelles multi-ovulés (rarement 1-2 ovulés). Graines à périsperme

---

(1) Ce mode d'insertion suppose nécessairement que l'ovaire n'est pas adhérent au calice ; il y a cependant quelques tribus ou familles à ovaire adhérent ou semi-adhérent qu'on ne peut pas exclure de cette division ; telles sont les Gesnériées dans la famille des Gesnériacées, les Samolées dans les Primulacées, les Mæsées parmi les Myrsinées et les Vacciniées dans la famille des Éricacées.

(2) Les Polémoniacées, quelques Convolvulacées et les Nolanées seules présentent des carpelles plus nombreux, 3, ou rarement 5 inégaux.

corné ou charnu (rarement nul). Embryon à cotylédons plats foliacés.

Feuilles opposées. Suc souvent laiteux.

78. Spigéliacées.—79. Loganiacées.—80. Apocynées.—
81. Asclépiadées. — 82. Gentianées.

CLASSE 21. CONVOLVULINÉES.

Corolle à préfloraison contournée ou plissée-tordue. Pistil à 2-3-5 carpelles pauci-ovulés; ovules dressés. Graines à périsperme mince, charnu ou mucilagineux. Embryon à cotylédons foliacés et à radicule inférieure.

Feuilles alternes, rarement opposées. Suc souvent laiteux.

83. Polémoniacées.—84. Nolanées.—85. Convolvulacées.

CLASSE 22. ASPÉRIFOLIÉES.

Corolle à préfloraison imbriquée (rarement contournée). Pistil à 2 carpelles, chacun à 2 ovules (rarement plusieurs). Fruit : 4 akènes, drupes à 4 nucules ou capsule uniloculaire à placentas pariétaux. Graines à périsperme nul ou plus ou moins épais. Embryon droit à radicule supérieure ou latérale.

Feuilles alternes, suc aqueux.

86. Cordiacées.—87. Borraginées.—88. Hydrophyllées.
—89? Hydroléacées.

CLASSE 23. SOLANINÉES.

Corolle à préfloraison valvaire plissée ou imbriquée. Pistil à 2 carpelles soudés, multi-ovulés. Fruit : capsule ou baie biloculaire, polysperme. Graines à périsperme charnu, épais. Embryon à radicule inférieure, souvent courbé.

Feuilles alternes ou géminées par confluence.

90. Cestrinées. — 91. Solanées.

3*

** *Anisostemones.* Étamines en partie avortées, 4 didynames ou 2.

CLASSE 24. PERSONNÉES.

Corolle à préfloraison imbriquée, labiée ; pistil à 2 carpelles multi-ovulés. Fruit : capsule ou baie biloculaire, polysperme.

Feuilles opposées, rarement alternes.

§ 1. *Graines à périsperme charnu.*

92. Scrophulariées. — 93. Orobanchées. — 94. Gesnériées.

§ 2. *Graines sans périsperme.*

95. Cyrtandracées. — 96. Utriculariées. — 97. Bignoniacées. —98. Pédalinées. — 99. Acanthacées.

CLASSE 25. SELAGINOIDÉES.

Corolle à préfloraison imbriquée, labiée ou rarement régulière. Pistil à 2 ou 1 carpelles. Carpelles uni-ovulés ou à 2 ovules géminées. Fruit : akènes ou drupes. Embryon à radicule supérieure.

Feuilles généralement alternes.

100 ? Jasminées (1). — 101. Globulariées. — 102. Sélaginées. — 103. Myoporinées.

------

(1) Les Jasminées constituent une des familles de gamopétales, dont la position, dans la série, me paraît la plus douteuse. La corolle et les deux étamines sont dans des rapports tout à fait insolites. Les fleurs sont tantôt à 4 pétales, tantôt à 5, quelquefois à 6 : dans le premier cas, la préfloraison est alternative et les deux étamines sont opposées aux deux pétales extérieurs ; dans le second cas, un des pétales extérieurs est dédoublé et remplacé par deux pétales entre lesquels se trouve insérée l'étamine, l'autre étamine reste opposée au pétale simple extérieur ; dans les corolles à 6 divisions, la même transformation a lieu sur les deux

CLASSE 26. VERBENINÉES.

Corolle à préfloraison imbriquée, labiée ou rarement régulière. Pistil à 2 carpelles, rarement à 1 seulement. Carpelles à ovules géminés, rarement solitaires ou nombreux, dressés. Fruit : akènes ou drupes, rarement capsule. Embryon à radicule inférieure.

Feuilles opposées.

104. Verbénacées. — 105. Labiées. — 106. Stilbinées. — 107 ? Plantaginées.

†† *Isogynes.* Pistil ordinairement composé d'un nombre de carpelles égal à celui des sépales (1).

CLASSE 27. PRIMULINÉES.

Corolle à préfloraison contournée, régulière. Étamines opposées aux pétales, toutes fertiles. Pistil symétrique, ovaire uniloculaire à placenta central libre, multi-ovulé, pauci-ovulé ou quelquefois uni-ovulé.

108. Primulacées. — 109. Myrsinées. — 110. Théophrastées. — 111. Ægicérées. — 112. Plumbaginées (2).

---

pétales staminifères ; quelquefois ce dédoublement porte sur les pétales non staminifères. Les deux étamines des Jasminées ont donc une position tout à fait différente de celles des genres diandres de Labiées ou de Personnées, et c'est plutôt d'après la structure du fruit que je les ai placées dans ce point de la série.

(1) Quoique ce caractère existe dans la majorité des genres de chaque famille, il y a cependant des exceptions assez fréquentes ; ainsi, les Épacridés et surtout les Éricinées comprennent plusieurs genres à ovaire uni ou bicarpellé. Les Oléinées ne rentrent qu'avec beaucoup de doute dans cette division.

(2) Les Plumbaginées me paraissent rentrer évidemment dans cette classe, par leur ovaire symétrique à 5 nervures et à 5 stigmates, quoique uni-ovulé, et par leurs étamines opposées aux pétales.

CLASSE 28. ÉRICOIDÉES.

Corolle à préfloraison imbriquée, étamines en nombre double des pétales ou en nombre égal et alternes avec eux, souvent indépendantes de la corolle. Pistil à plusieurs carpelles soudés, stigmate symétrique. Ovaire à loges en nombre égal aux pétales (rarement moindre) uni-ovulées ou multi-ovulées. Fruit : capsule ou baie. Périsperme charnu.

113. Epacridées. — 114. Ericacées. — 115. Pyroléacées. 116? Monotropées. — 117? Brexiacées.

CLASSE 29. DIOSPYROIDÉES.

Corolle régulière à préfloraison contournée ou imbriquée. Étamines en nombre multiple des pétales ou égales et alternes. Ovaire à carpelles soudés, en nombre égal aux divisions de la corolle, rarement moindre, uni-ovulés ou bi-ovulés. Fruit : drupe à plusieurs nucules libres ou soudées. Périsperme charnu ou nul.

§ 1. *Ovules suspendus ; radicule supérieure.*

118. Ebénacées. — 119? Oléinées. — 120. Ilicinées.

§ 2. *Ovules dressés ; radicule inférieure.*

121. Empétrés. — 122. Sapotées. — 123? Styracées. — 123 *? Napoléonées.

2e SÉRIE. **DIALYPÉTALES**. Pétales libres ou nuls.

§ 1. HYPOGYNES. *Étamines et pétales indépendants du calice, insérés sous l'ovaire* (1).

† *Fleurs complètes, offrant des pétales, au moins dans une partie des genres de chaque classe.*

A. *Calice persistant en général après la floraison.*

---

(1) Des exceptions à ce mode d'insertion se présentent dans quelques groupes de cette division, particulièrement dans la classe des Térébinthinées ; mais cependant dans ces plantes, lorsqu'on distingue le sommet du pédicelle élargi des sépales qu'il porte, on voit que le disque est presque toujours complétement indépendant du calice.

* *Polystémonées.* Étamines généralement en nombre non défini.

CLASSE 30. GUTTIFÈRES.

Calice à sépales imbriqués. Corolle à préfloraison contourné (rarement imbriquée).

§ 1. *Graines sans périsperme ; embryon à radicule infère.*

124. Clusiacées. — 125. Marcgraviacées. — 126. Hypéricinées. —127. Réaumuriacées.—128 ? Tamariscinées.

§ 2. *Graines souvent périspermées. —Embryon à radicule ordinairement supérieure.*

129. Cistinées. — 130. Bixinées. — 131. Ternstrœmiacées. — 132. Chlénacées. — 133. Diptérocarpées.

CLASSE 31. MALVOIDÉES.

Calice à préfloraison valvaire. Corolle à préfloraison contournée. Étamines souvent monadelphes ou en partie stériles. Périsperme mince, mucilagineux. Embryon à cotylédons foliacés.

134. Tiliacées.— 135. Malvacées. — 136. Sterculiacées.— 137. Buttnériacées.

** *Oligostémonées.* Étamines généralement en nombre défini.

CLASSE 32. CROTONINÉES.

Fleurs régulières, diclines, souvent apétales. Étamines quelquefois en nombre plus que double des sépales, à anthères extrorses. Carpelles à 1 ou 2 ovules suspendus. Graines à périsperme charnu, huileux. Embryon à radicule supérieure et à cotylédons plats.

138. Antidesmées. — 139. Forestiérées. — 140. Euphorbiacées.

CLASSE 33. POLYGALINÉES.

Fleurs hermaphrodites, préfloraison du calice et de la corolle imbriquée. Étamines s'ouvrant par des pores terminaux. Ovaire à ovules solitaires, suspendus. Graines à périsperme charnu.

141. Tremandrées. — **142.** Polygalées.

CLASSE 34. GERANIOIDÉES.

Sépales imbriqués, rarement valvaires, assez grands; corolle à préfloraison contournée, rarement imbriquée, souvent irrégulière. Étamines 5-10, souvent en partie avortées. Pistil à 5 ou 3 carpelles; ovules 1 ou plusieurs, suspendus. Graines sans périsperme ou à périsperme mince, charnu. Embryon droit à radicule supérieure.

143. Balsaminées.—**144.** Tropæolées.—**145.** Geraniacées. —**146?** Limnanthées.—**147?** Coriariées.—**148.** Linées. —**149.** Oxalidées.—**150.** Zygophyllées.

CLASSE 35. TÉRÉBINTHINÉES.

Calice imbriqué, ordinairement très court; corolle à préfloraison imbriquée, rarement valvaire ou contournée, quelquefois gamopétale. Étamines en nombre double des pétales, rarement en partie avortées. Pistil ordinairement isomère, régulier ou réduit par avortement. Ovules définis, ordinairement 1 ou 2. Périsperme nul, ou rarement charnu ou corné. Embryon à radicule généralement supérieure.

151. Rutacées. —**152.** Diosmées. — **153.** Ochnacées. — **154.** Simarubées. — **155.** Zanthoxylées. — **156.** Anacardiées. —**157?** Connaracées.

CLASSE 36. HESPÉRIDÉES.

Calice imbriqué, ordinairement très court. Corolle à pétales oblongs, sessiles, à préfloraison valvaire ou presque valvaire. Étamines doubles ou multiples des pétales, souvent monadelphes. Pistil à 3 ou plusieurs carpelles, à 1-2 ou rarement plusieurs ovules suspendus. Graines à périsperme nul ou charnu ; embryon à radicule supérieure.

158. Burséracées.—159. Aurantiacées.—160. Cedrelées. —161. Meliacées. — 162. Ximéniées. — 163. Nitraria- cées. — 163 *bis?* Humiriacées. — 164. Erythroxylées.

CLASSE 37. ÆSCULINÉES.

Sépales imbriqués assez développés ; corolle à pétales ordinaire- ment unguiculés, arrondis, en préfloraison imbriquée. Éta- mines en nombre double des pétales, rarement égal. Pistil à 2 ou 3 carpelles, chacun à 1 ou 2 ovules suspendus ou dressés. Graines sans périsperme ; embryon à radicule supérieure ou infé- rieure.

165. Malpighiacées.—166. Acérinées.—167 Hippocasta- nées. — 168? Rhizobolées. — 169. Sapindacées. — 170. Vochysiées.

CLASSE 38. CELASTROIDES.

Sépales petits, imbriqués. Corolle à pétales sessiles imbriqués ou valvaires. Étamines en nombre égal aux pétales. Pistil à 2 ou 3 carpelles ; ovules, 2 ou plusieurs, ordinairement définis, dres- sés. Graines à périsperme charnu ou corné, épais ; embryon petit, à radicule inférieure.

171. Vinifères. — 172. Hippocratéacées.—173. Célastri- nées. — 174. Staphyléacées. — 175. Pittosporées.

CLASSE 39. VIOLINÉES.

Calice et corolle à préfloraison imbriquée. Étamines définies, rarement plus que les pétales. Pistil à 3, 4 ou 5 carpelles ; ovaire uniloculaire, à placentas pariétaux. Graines à périsperme charnu ; embryon droit.

176? Sauvagésiées.—177. Violacées.—178. Droséracées. — 179. Frankéniacées.

B. *Calice se détachant pendant ou après la floraison* (1).
    * *Périsperme nul ou très mince.*

CLASSE 40. CRUCIFÉRINÉES.

Calice et corolle à 4 parties (excepté dans les *Résédacées*), en préfloraison imbriquée, quelquefois irrégulières. Pistil bi tricarpellé, à placentation pariétale. Graines sans périsperme ou à périsperme très mince; embryon courbé ou replié.

180. Résédacées. — 181. Capparidées. — 182. Crucifères.

    ** *Périsperme épais, charnu ou corné.*

CLASSE 41. PAPAVÉRINÉES.

Calice à 2 ou 3 sépales. Corolle à 4 ou 6 pétales, en deux rangées alternantes, les intérieurs opposés aux sépales. Ovaire à 2 ou plusieurs carpelles, ordinairement uniloculaire à placentation pariétale. Périsperme charnu; embryon droit.

183. Fumariacées. — 184. Papavéracées.

CLASSE 42. BERBERINÉES.

Calice bisérié, à 4 ou 6 sépales. Pétales, 4 ou 6, opposés aux sépales (rarement nuls). Étamines définies opposées aux pétales. Pistils 1-6, carpelles libres à 1 ou plusieurs ovules. Périsperme charnu ou corné; embryon droit ou courbe.

185. Berberidées.—186. Lardizabalées.—187. Menispermées.

---

(1) Ce caractère présente quelques exceptions : 1° dans les Nymphéinées et dans les Sarracéniées, dont la position me paraît fort douteuse, et dans les Résédacées; 2° dans quelques genres des autres familles, les *Pæonia*, quelques Annonacées, etc.; mais il forme cependant un trait saillant de la plus grande partie de ces plantes, et me paraît important en ce qu'il indique une hypogynie complète dans toutes les fleurs qui le présentent.

CLASSE 43. MAGNOLINÉES.

Calice à 3 sépales. Pétales 6 ou plus, bisériés, imbriqués, rarement nuls. Étamines nombreuses, extrorses. Pistils nombreux, rarement définis, libres ou quelquefois soudés, à 1 ou plusieurs ovules. Périsperme charnu. Embryon petit, droit.

188. Schizandrées. — 189. Myristicées. — 190. Annonacées. — 191. Magnoliacées.

CLASSE 44. RENONCULINÉES.

Calice à 5 sépales imbriqués (rarement 4 ou 6). Pétales alternes avec les sépales, unisériés, ou nuls. Étamines nombreuses, extrorses. Pistil à carpelles définis ou indéfinis, uni- ou pluri-ovulés. Fruit : akènes, follicules ou capsules, rarement charnues. Graines à périsperme corné ou charnu. Embryon petit, droit.

192. Dilleniacés. — 193. Renonculacés. — 194? Sarracéniées.

*** *Périsperme double, l'externe amylacé* (1).

CLASSE 45. NYMPHEINÉES.

Calice persistant à 4 ou à 5 sépales. Pétales multisériés. Étamines nombreuses introrses, presque périgynes. Pistil à carpelles nombreux, uni-ovulés ou multi-ovulés.

195. Nelumbonées. — 196. Nymphéacées. — 197. Cabombées.

†† *Fleurs incomplètes. Corolle manquant constamment.*

CLASSE 46. PIPERINÉES.

Calice nul ; fleurs souvent hermaphrodites. Pistil à 1 ou plusieurs carpelles, libres ou soudés, à 1 ou plusieurs ovules dressés. Périsperme double ; embryon au sommet de la graine, à radicule supérieure.

198. Saururées. — 199. Pipéracées.

---

(1) Périsperme nul dans les Nélumbonés.

CLASSE 47. URTICINÉES.

Calice à 3, 4 ou 5 sépales valvaires ou imbriqués ; étamines en nombre égal et opposées aux sépales. Pistil uniloculaire, uni-ovulé, à 1 ou 2 stigmates (mono- ou dicarpellé). Graine à périsperme nul ou charnu ; embryon droit ou courbe, à radicule supérieure.

200. Urticées. — 201. Artocarpées. — 202. Morées. — 203. Celtidées. — 204. Cannabinées.

CLASSE 48. POLYGONOIDÉES.

Calice imbriqué à 4, 5, 6 sépales ; étamines définies, généralement plus nombreuses que les sépales ; pistil uniloculaire uni-ovulé, à 2 ou 3 styles (di- ou tricarpellé). Graine dressée à périsperme amylacé ; embryon à radicule supérieure.

205. Polygonées.

§ 2. Périgynes. *Étamines et pétales insérés sur le calice libre ou adhérent* (1).

† *Cyclospermées.* Embryon courbe, situé autour d'un périsperme farineux plus ou moins abondant (2).

CLASSE 49. CARYOPHYLLINÉES.

Fleurs régulières. Pétales en nombre égal aux sépales, ou nuls. Étamines en nombre égal ou double des sépales, rarement indéfinies (*Portulacées*), hypogynes ou périgynes. Pistil, 2-5 carpellé, toujours libre ; placenta central libre, multi-ovulé, ou ovules soli-

---

(1) La première classe de cette division, les Caryophyllinées, présente presque également l'insertion hypogyne et périgyne, et forme ainsi une transition naturelle entre ces deux groupes ; les rapports de structure de ses graines avec celles des Cactoïdées, évidemment périgynes, me les ont fait placer de préférence parmi les Périgynes.

(2) Ce caractère ne manque que dans les derniers genres de Cactées, les Mamillaria et les Rhipsalis, où l'embryon est droit et dépourvu de périsperme, comme dans les Crassulacées.

taires portés sur un funicule naissant du fond de l'ovaire. Périsperme farineux, central, épais; radicule rapprochée du hile et de la chalaze.

206? Nyctaginées. — 207. Phytolaccées. — 108. Chénopodées. — 209. Basellées. — 210. Amarantacées. — 211. Silénées. — 212. Alsinées. — 213. Paronychiées. — 214. Portulacées.

CLASSE 50. CACTOIDÉES.

Calice adhérent à l'ovaire, imbriqué. Pétales nombreux, imbriqués, multisériés. Étamines nombreuses. Pistils 3-13, à placentas pariétaux ou axiles. Périsperme peu abondant ou nul; embryon courbe ou presque droit.

215. Mésembryanthemées. — 216. Cactées.

†† *Périspermées*. Embryon droit dans l'axe d'un périsperme charnu ou corné (1).

CLASSE 51. CRASSULINÉES.

Calice libre ou adhérent à l'ovaire. Étamines en nombre double des pétales, rarement égal. Pistils en nombre égal aux pétales, libres ou soudés entre eux. Graines sans périsperme.

217. Crassulacées. — 218. Elatinées. — 219. Datiscées.

---

(1) La classe des Crassulinées me paraît seule faire exception à ce caractère, et se lie par là aux derniers genres des Cactées dont la graine est également dépourvue de périsperme, quoique les autres genres de cette famille rentrent parfaitement dans le type des Cyclospermées. Peut-être cette classe serait-elle mieux placée à la suite de celle des Cactoïdées, dans la division des Cyclospermées; mais son embryon est parfaitement droit, comme cela a lieu, du reste, dans les *Rhipsalis*, parmi les Cactées. J'ai constaté cette absence du périsperme, contrairement au caractère assigné habituellement aux Crassulacées et au Dastica, dans cette plante et dans beaucoup d'espèces de Crassulacées. Je n'ai pas pu examiner de graines mûres de Samydées, d'Homalinées ni de Garrya.

CLASSE 52. SAXIFRAGINÉES.

Calice libre ou adhérent à l'ovaire. Étamines en nombre double ou multiple des pétales, rarement égal. Pistils en nombre égal aux sépales ou réduits à deux, soudés entre eux. Placentation axile ou pariétale. Graines nombreuses, à périsperme charnu ou corné, épais.

§ 1. *Carpelles en nombre égal aux sépales.*

220. Francoacées. — 221. Philadelphées.

§ 2. *Carpelles au nombre de 2, rarement 3 ou 5.*

222. Saxifragées. —223. Ribésiées.

CLASSE 53. PASSIFLORINÉES.

Calice libre ou adhérent à l'ovaire. Étamines en nombre défini, égal ou multiple des sépales. Pistil à 3-5 carpelles réunis par leurs bords ; placentation pariétale ; ovules nombreux ou définis. Embryon à cotylédons plats, ovales, renfermé dans un périsperme charnu.

224. Loasées. —225. Papayacées.—226. Turnéracées.— 227. Malesherbiées. — 228. Passiflorées. — 229. Samydées. — 230. Homalinées.

CLASSE 54. HAMAMÉLINÉES.

Calice souvent imparfait ou nul. Corolle souvent nulle. Ovaire semi adhérent, 1 2 3 carpellé, à ovules suspendus, solitaires, géminés ou définis. Graines à périsperme charnu, mince. Embryon à cotylédons ovales, foliacés, à radicule supérieure.

231? Platanées. — 232. Balsamifluées. —233. Hamamélidées. — 234. Alangiées. —235. Bruniacées.

CLASSE 55. UMBELLINÉES.

Calice adhérent, à limbe très court. Pétales à préfloraison valvaire. Étamines en nombre égal et opposées aux sépales. Pistil à 1-2-5 carpelles uni-ovulés ; ovule suspendu. Graine à périsperme corné. Embryon petit, à radicule supérieure.

236. Umbellifères. — 237. Araliacées. — 238. Cornées. — 239? Garryacées.

CLASSE 56. SANTALINÉES.

Calice libre ou adhérent à l'ovaire, à préfloraison valvaire, portant les étamines sur ses divisions ou à leur base. Corolle nulle. Ovaire uniloculaire ; ovule solitaire suspendu, ou 3 ovules suspendus au sommet d'un placenta libre. Périsperme très épais, charnu. Embryon très petit, ovale.

240? Cératophyllées. — 241? Chloranthacées. — 242. Loranthacées. — 243. Santalacées. — 244. Olacinées.

CLASSE 57. ASARINÉES.

Fleurs souvent diclines ; calice à 3-4 ou 5 sépales, adhérent ou rarement libre. Corolle nulle. Étamines extrorses, adhérentes au style dans les fleurs hermaphrodites, ou au style avorté dans les fleurs diclines. Pistil à plusieurs carpelles soudés, à placentas axiles ou pariétaux. Graines nombreuses à périsperme charnu ou corné. Embryon droit, petit.

245? Balanophorées. — 246. Rafflésiacées. — 247. Cytinées. — 248. Népenthées. — 249. Aristolochiées.

††† *Apérispermées.* Périsperme nul ou peu épais (1).

CLASSE 58. CUCURBITINÉES.

Fleurs diclines. Calice adhérent, à préfloraison valvaire. Corolle

_____

(1) Les exceptions à ce caractère se présentent dans les Haloragées et quelques Légumineuses, qu'on ne peut pas éloigner des familles auprès desquelles elles sont placées, et dans les Nyssacées et les Rhamnées, qui seraient peut-être mieux placées, les premières près des Alangiées, les secondes, comme classe distincte, près des Samydées? Cependant la direction de leur graine et leur préfloraison valvaire m'ont paru indiquer la place de ces dernières plus convenablement où je les ai mis.

4*

à préfloraison imbriquée ou introfléchie. Étamines extrorses à anthères adnées. Pistil ordinairement tri-carpellé, multi-ovulé, rarement uni-ovulé.

250. Bégoniacées. — 251. Nandhirobées. — 252. Cucurbitacées. — 253 ? Gronoviées.

CLASSE 59. OENOTHÉRINÉES.

Calice à préfloraison valvaire. Corolle à préfloraison contournée. Étamines en nombre défini, souvent double des sépales. Pistil à carpelles en nombre égal à celui des sépales ou rarement moindre ; ovules solitaires ou géminés, suspendus, ou nombreux et diversement dirigés ; radicule supérieure, rarement inférieure.

254. Haloragées. — 255. OEnothérées. — 256. Combrétacées. — 257 ? Nyssacées. — 258 ? Rhizophorées. — 259. Mémécylées. — 260. Mélastomacées. — 261. Lythrariées.

CLASSE 60. DAPHNOIDÉES.

Calice à préfloraison imbriquée. Pétales nuls ou peu développés. Étamines définies, en nombre égal ou double des sépales, rarement moindre. Pistil à 1 ou 2 carpelles soudés. 1 ou 2 ovules suspendus dans chaque carpelle. Embryon à radicule supérieure.

262. Gyrocarpées. — 263. Laurinées. — 264. Hernandiées. — 265. Thymélées.

CLASSE 61. PROTEINÉES.

Calice à préfloraison valvaire, à 4 sépales (rarement 2). Corolle nulle. Étamines en nombre égal aux sépales, alternes ou opposées. Pistil unicarpellé ; ovules, 1-2 ou plusieurs, dressés. Embryon à radicule inférieure.

266. Protéacées. — 267. Éléagnées.

CLASSE 62. RHAMNOIDÉES.

Calice à préfloraison valvaire, à 4 ou 5 sépales. Pétales petits ou nuls. Étamines alternant avec les sépales. Pistils à 2-3-4 carpelles soudés. Ovules 1-2 par carpelles, dressés. Périsperme nul ou peu épais. Embryon droit à radicule inférieure.

268. Pénéacées.—269. Rhamnées.—270 ? Stackhousiées.

CLASSE 63. MYRTOIDÉES.

Calice et corolle à préfloraison imbriquée. Étamines rarement définies, ordinairement nombreuses, indéfinies. Pistil à 1-2-3 5, carpelles, rarement plus, soudés ou libres. Ovules 1-2, ou nombreux. Graines horizontales ou dressées. Embryon à radicule inférieure.

271. Myrtacées. —172. Lecythidées. —273. Granatées. — 274. Calycanthées. — 275 ? Monimiées.

CLASSE 64. ROSINÉES.

Calice à sépales imbriqués ou valvaires. Pétales en préfloraison imbriquée. Étamines nombreuses, rarement définies. Pistil : carpelles 1 à 5, ou nombreux, libres, ou rarement incomplétement soudés. Ovules, 1 ou plusieurs. Embryon droit.

276. Pomacées. — 277. Neuradées. — 278. Spirœacées. — 279. Rosacées. — 280. Amygdalées. — 281. Chrysobalanées.

CLASSE 65. LÉGUMINEUSES.

Calice imbriqué ou valvaire. Corolle imbriquée ou valvaire, papillonacée ou régulière. Étamines 10 ou nombreuses, périgynes ou hypogynes. Pistil unicarpellé (très rarement à plusieurs carpelles) uni-ovulé ou ordinairement multi-ovulé. Fruit : légume rarement indéhiscent. Graine rarement périspermée. Embryon droit ou replié.

282. Papillonacées. —283. Cæsalpiniées.—284. Mimosées. —285? Moringées.

CLASSE 66. AMENTACÉES.

Fleurs diclines ; calice imparfait, souvent adhérent à l'ovaire Corolle nulle. Etamines variables. Pistil à 2-3 ou 6 carpelles, 2, 3 ou 6 stigmates, uniloculaire ou multiloculaire. Ovules solitaires ou géminés, nombreux dans les *Salicinées*. Fruit indéhiscent, monosperme. Graine sans périsperme. Embryon à radicule supérieure (fruit déhiscent à graines nombreuses et embryon à radicule inférieure dans les *Salicinées*).

286. Juglandées. — 287? Salicinées. — 288. Quercinées. — 289. Bétulinées. — 290. Myricées. — 291. Casuarinées.

2ᵉ SOUS-EMBRANCHEMENT. GYMNOSPERMES.

Ovules nus (non renfermés dans un pistil clos et surmonté d'un stigmate), recevant directement l'influence du pollen.

CLASSE 67. CONIFÈRES.

Anthères disposées en chatons, bilobées ou à lobes en nombre définis, portées sur une écaille membraneuse représentant le connectif.

292. Gnétacées. — 293. Taxinées. — 294. Cupressinées. — 295. Abiétinées.

CLASSE 68. CYCADOIDÉES.

Anthères disposées en gros chatons, formées d'un grand nombre de lobes simples ou groupés, dispersés à la face inférieure d'écailles épaisses.

296. Cycadées.

ÉNUMÉRATION

DES

GENRES DE PLANTES

CULTIVÉS

AU MUSÉUM D'HISTOIRE NATURELLE DE PARIS.

1re DIVISION. CRYPTOGAMES,
CRYPTOGAMÆ.

Végétaux dépourvus d'étamines, de pistils et même d'ovules. Embryon simple, homogène, ordinairement vésiculaire.

1er EMBRANCHEMENT. AMPHIGÈNES,
AMPHIGENÆ.

Point d'axe et d'organes appendiculaires distincts ; croissance périphérique. Reproduction par des *spores* ou embryons nus.

CLASSE 1. ALGUES, *ALGÆ.*

ORDRE 1. Zoosporées, *Zoosporeæ.*

FAMILLE 1. OSCILLATORIÉES, *OSCILLATORIEÆ.*
2. NOSTOCHINÉES, *NOSTOCHINEÆ.*

FAMILLE 3. CONFERVACÉES, *CONFERVACEÆ*.
     4. ULVACÉES, *ULVACEÆ*.
     5. CAULERPÉES, *CAULERPEÆ*.

ORDRE 2. Aplosporées, *Aplosporeæ*.

FAMILLE 6. SPONGODIÉES, *SPONGODIEÆ*.
     7. LAMINARIÉES, *LAMINARIEÆ*.
     8. FUCACÉES, *FUCACEÆ*.

ORDRE 3. Choristosporées, *Choristosporeæ*.

FAMILLE 9. RYTIPHLÉES, *RYTIPHLEÆ*
     10. CHONDRIÉES, *CHONDRIEÆ*.

CLASSE 2. CHAMPIGNONS, *FUNGI*.

ORDRE 2. Hyphomycées, *Hyphomycetes*.

FAMILLE 11. MUCÉDINÉES, *MUCEDINEÆ*.
     12. MUCORÉES, *MUCOREÆ*.
     13. URÉDINÉES, *UREDINEÆ*.

ORDRE 2. Gasteromycées, *Gasteromycetes*.

FAM. 14. TUBÉRACÉES, *TUBERACEÆ*.
     15. LYCOPERDACÉES, *LYCOPERDACEÆ*.
     16. CLATHRACÉES, *CLATHRACEÆ*.

ORDRE 3. Hymenomycées, *Hymenomycetes*.

FAMILLE 17. AGARICINÉES, *AGARICINEÆ*.
     18. PÉZIZÉES, *PEZIZEÆ*.

ORDRE 4. Scléromycées, *Scleromycetes*.

FAMILLE 19. HYPOXYLÉES, *HYPOXYLEÆ*.

CLASSE 3. LICHENOIDÉES, *LICHENOIDEÆ.*

FAMILLE 20. LICHENS, *LICHENES.*

2ᵉ EMBRANCHEMENT. ACROGÈNES, *ACROGENÆ.*

Axe et organes appendiculaires distincts ; tige croissant par l'extrémité seule, sans addition de nouvelles parties dans les tiges anciennes. — Reproduction par des *seminules* ou embryons recouverts d'un tégument (1).

CLASSE 4. MUSCINÉES, *MUSCINEÆ.*

FAMILLE 21. HÉPATIQUES, *HEPATICÆ.*

TRIBU 1. RICCIÉES, *RICCIEÆ.*

2. ANTHOCÉRÉES, *ANTHOCEREÆ.*

3. TARGIONIÉES, *TARGIONIEÆ.*

4. MARCHANTIÉES, *MARCHANTIEÆ.*

5. JUNGERMANNIÉES, *JUNGERMANNIEÆ.*

FAMILLE 22. MOUSSES, *MUSCI.*

TRIBU 1. ANDRÉACÉES, *ANDREACEÆ.*

2. SPHAGNACÉES, *SPHAGNACEÆ.*

3. BRYACÉES, *BRYACEÆ.*

---

(1) Dans les premières tribus des Hépatiques, il n'y a pas encore d'axe et d'organes appendiculaires distincts, mais une fronde thalloïde ; cependant le mode de reproduction rattache nécessairement ces végétaux aux Jungermanniées et aux Mousses.

CLASSE 5. FILICINÉES, *FILICINEÆ.*

FAMILLE 23. FOUGÈRES, *FILICES.* (2)[1]

TRIBU 1. POLYPODIACÉES, *POLYPODIACEÆ.*

Platycerium, *Desv.*

Olfersia, *Radd.*

Acrostichum, *Linn.*

Polybotrya, *H.* et *Bonp.*

Hemionitis, *Linn.*

Antrophyum, *Kaulf.*

Gymnogramma, *Desv.*

Grammitis, *Swartz.*

Allosurus, *Bernh.*

Meniscium, *Schreb.*

Nothochlæna, *R. Br.*

Polypodium, *Linn.*

Goniophlebium, *Blum.*

Cyrtophlebium, *R. Br.* (Campyloneu-
ron, *Presl.*)

Phymatodes, *Presl.*

Niphobolus, *Kaulf.*

Cheilanthes, *Swartz.*

Lonchitis, *Linn.*

Adiantum, *Linn.*

Cassebcera, *Kaulf.*

---

(1) Ces numéros placés après le nom des familles indiquent la plate-bande de l'École de botanique dans laquelle elles sont cultivées.

Allosurus, *Bern.*

Pteris, *Linn.*

Blechnum, *Linn.*

Lomaria, *Willd.*

Struthiopteris, *Willd.*

Onoclea, *Linn.*

Doodia, *R. Br.*

Woodwardia, *Smith.*

Allantodia, *R. Br.*

Scolopendrium, *Smith.*

Asplenium, *Linn.*

Athyrium, *Roth.*

Darea, *Juss.*

Diplazium, *Swartz.*

Didymochlæna, *Desv.*

Nephrolepis, *Schott.*

Nephrodium, *L. C. Rich.*

Aspidium, *Swartz.*

Polystichum, *Roth.*

Fadgenia, *Hook.*

Cistopteris, *Bernh.*

Lindsaea, *Smith.*

Saccoloma, *Kaulf.*

Davallia, *Smith.*

Dicksonia, *L'Hér.*

Cibotium, *Kaulf.*

TRIBU 2. CYATHÉACÉES, *CYATHEACEÆ.*

Hemitelia, *R. Br.*

Cyathea, *Smith*.

Alsophila, *R. Br.*

Trichopteris, *Presl.*

TRIBU 3. HYMÉNOPHYLLÉES, *HYMENOPHYLLEÆ*.

Hymenophyllum, *Smith.*

Trichomanes, *Linn.*

TRIBU 4. PARKÉRIÉES, *PARKERIEÆ*.

Ceratopteris, *Ad. Br.*

TRIBU 5. LYGODIÉES, *LYGODIEÆ*.

Mohria, *Swartz.*

Lygodium, *Swartz.*

Schizea, *Smith.*

Aneimia, *Swartz.*

TRIBU 6. OSMONDÉES, *OSMUNDEÆ*.

Osmunda, *Linn.*

Todea, *Willd.*

TRIBU 7. MARATTIÉES, *MARATTIEÆ*.

Marattia, *Swartz.*

Danaea, *Smith.*

TRIBU 8. OPHIOGLOSSÉES, *OPHIOGLOSSEÆ*.

Botrychium, *Swartz.*

Ophioglossum, *Linn.*

FAMILLE 24. MARSILÉACÉES, *MARSILEACEÆ*. (2)

TRIBU 1. PILULARIÉES, *PILULARIEÆ*.

Pilularia, *Linn.*

Marsilea, *Linn.*

TRIBU 2. SALVINIÉES, *SALVINIEÆ*.

Salvinia, *Michel.*

FAMILLE 25. LYCOPODIACÉES, *LYCOPODIACEÆ*.
(2)

Isoetes, *Linn.*
Selaginella, *Pal. Beauv.*
Lycopodium, *Linn.*
Psilotum, *Swartz.*

FAMILLE 26. ÉQUISÉTACÉES, *EQUISETACEÆ*. (2)

Equisetum, *Linn.*

FAMILLE 27. CHARACÉES, *CHARACEÆ*. (2)

Chara, *Linn.*

2ᵉ DIVISION. **PHANÉROGAMES**,
PHANEROGAMÆ.

Étamines et pistils (ou ovules). — Embryon composé,
parenchymateux, hétérogène, renfermé dans une graine.

3ᵉ EMBRANCHEMENT. MONOCOTYLÉDONÉES,
MONOCOTYLEDONEÆ.

Embryon à un seul cotylédon. — Tiges composées de
faisceaux fibro-vasculaires, épars dans la masse du tissu
cellulaire, ne formant pas un cercle régulier; les tiges vivaces ne s'accroissant pas par des zones concentriques
distinctes de bois et d'écorce.

CLASSE 6. GLUMACÉES, *GLUMACEÆ*.

FAMILLE 28. GRAMINÉES, *GRAMINA*. (3, 4, 5)

TRIBU 1. PHLÉOIDÉES, *PHLEOIDEÆ*.

Crypsis, *Ait.*

Mibora, *Adans.*

Alopecurus, *Linn.*

Beckmannia, *Host.*

Phleum, *Linn.*

TRIBU 2. AGROSTIDÉES, *AGROSTIDEÆ*.

Muhlenbergia, *Schreb,*
    (Podosæmum, *Kunth.*)

Cinna, *Linn.*

Sporobolus, *R. Br.*

Agrostis, *Linn.*
Gastridium, *Pal. Beauv.*
Polypogon, *Desf.*
Chæturus, *Link.*

TRIBU 3. ARUNDINACÉES, *ARUNDINACEÆ.*

Calamagrostis, *Adans.*
Deyeuxia, *Clar.*
Ammophila, *Host.*
Arundo, *Linn.*
Ampelodesmos, *Link.*
Phragmites, *Trin.*
Gynerium, *H. B.* et *K.*

TRIBU 4. AVÉNACÉES, *AVENACEÆ.*

Corynephorus, *Pal. Beauv.*
Deschampsia, *Pal. Beauv.*
Aira, *Linn.*
Airopsis, *Desv.*
Lagurus, *Linn.*
Holcus, *Linn.*
Trisetum, *Kunth.*
Avena, *Linn.*
Arrhenatherum, *Pal. Beauv.*
Danthonia, *De Cand.*
Uralepis, *Nutt.*

TRIBU 5. PAPPOPHORÉES, *PAPPOPHOREÆ.*

Echinaria, *Desf.*
Boissiera, *Hochst.*

5*

ᴛʀɪʙᴜ 6. CHLORIDÉES, *CHLORIDEÆ.*

Cynodon, *L. C. Rich.*
Dactyloctenium, *Willd.*
Eustachys, *Desv.*
Chloris, *Swartz.*
Leptochloa, *Pal. Beauv.*
Eleusine, *Gœrtn.*
Chondrosium, *Desv.*
Spartina, *Schreb.*
Dineba, *Pal. Beauv.* (Eutriana, *Trin.*)

ᴛʀɪʙᴜ 7. FESTUCACÉES, *FESTUCACEÆ.*

Sesleria, *Ard.*
Poa, *Linn.*
Centhotheca, *Desv.*
Glyceria, *R. Br.*
Catabrosa, *Pal. Beauv.*
Briza, *Linn.*
Melica, *Linn.*
Molinia, *Moench.*
Kœleria, *Pers.*
Schismus, *Pal. Beauv.*
Dactylis, *Linn.*
Cynosurus, *Linn.*
Lamarckia, *Moench.*
Festuca, *Linn.*
Bromus, *Linn.*
Uniola, *Linn.*

Diarrhena, *Pal. Beauv.*
Arundinaria, *L. C. Rich.* (Ludolfia, *Willd.*)
Nastus, *Juss.*
Bambusa, *Schreb.*

тribu 8. HORDÉACÉES, *HORDEACEÆ.*

Lolium, *Linn.*
Triticum, *Linn.*
Secale, *Linn.*
Elymus, *Linn.*
Asprella, *Willd.*
Hordeum, *Linn.*
Ægilops, *Linn.*
Nardus, *Linn.*
Psilurus, *Trin.*
Lepturus, *R. Br.*

тribu 9. ANDROPOGONÉES, *ANDROPOGONEÆ.*

Tripsacum, *Linn.*
Saccharum, *Linn.* (Tricholaena, *Schrad.*)
Imperata, *Cyrill.*
Erianthus, *L. C. Rich.*
Andropogon, *Linn.*
Sorghum, *Pers.*

тribu 10. PANICÉES, *PANICEÆ.*

Reimaria, *Flugg.*
Paspalum, *Linn.*
Milium, *Linn.*

Olyra, *Linn.*

Strephium, *Schrad.*

Panicum, *Linn.*

Oplismenus, *Pal. Beauv.*

Setaria, *Pal. Beauv.*

Gymnotrix, *Pal. Beauv.*

Pennisetum, *Pal. Beauv.*

Penicillaria, *Swartz.*

Cenchrus, *Pal. Beauv.*

Anthephora, *Schreb.*

Tragus, *Hall.* (Lappago, *Schreb.*)

Pariana, *Aubl.*

Lygeum, *Linn.*

Coix, *Linn.*

Cornucopiæ, *Linn.*

Zea, *Linn.*

TRIBU 11. PHALARIDÉES. *PHALARIDEÆ.*

Phalaris, *Linn.*

Hierochloa, *Gmel.*

Anthoxanthum, *Linn.*

TRIBU 12. STIPACÉES, *STIPACEÆ.*

Piptatherum, *Pal. Beauv.*

Lasiagrostis, *Link.*

Macrochloa, *Kunth.*

Stipa, *Linn.*

Aristida, *Linn.*

TRIBU 13. ORYZÉES, *ORYZEÆ.*

Pharus, *Pat. Br.*
Ehrharta, *Thunb.*
Zizania, *Linn.*
Oryza, *Linn.*
Leersia, *Soland.*
Anomochloa, *Ad. Brong.*

FAMILLE 29. CYPÉRACÉES, *CYPERACEÆ.* (6)

TRIBU 1. CYPÉRÉES, *CYPEREÆ.*

Cyperus, *Linn.*
Killingia, *Linn.*
Mariscus, *Vahl.*
Androtrichum, *Ad. Br.*

TRIBU 2. SCIRPÉES, *SCIRPEÆ.*

Eriophorum, *Linn.*
Scirpus, *Linn.*
Elœocharis, *R. Br.*
Isolepis, *R. Br.*
Fimbristylis, *Vahl.*
Fuirena, *Rottb.*

TRIBU 3. SCHOÉNÉES, *SCHOENEÆ.*

Cladium, *P. Br.*
Schœnus, *Linn.*
Chœtospora, *R. Br.*
Rhynchospora, *Vahl.*
Hypolytrum, *Rich.*

Diplasia, *Rich.*

Mapania, *Aub.*

TRIBU 4. SCLÉRIÉES, *SCLERIEÆ.*

Scleria, *Berg.*

TRIBU 5. CARICINÉES, *CARICINEÆ.*

Carex, *Linn.*

CLASSE 7. JONCINÉES, *JUNCINEÆ.*

FAMILLE 30. RESTIACÉES, *RESTIACEÆ.* (7)

Elegia, *Thunb.*

Willdenowia, *Thunb.*

FAMILLE 31. ÉRIOCAULONÉES, *ERIOCAULONEÆ.*

FAMILLE 32. XYRIDÉES, *XYRIDEÆ.*

FAMILLE 33. COMMÉLYNÉES, *COMMELYNEÆ.* (7)

Commelyna, *Dill.*

Tradescantia, *Linn.*

Spironema, *Lindl.*

Cyanotis, *Don.*

Campelia, *Rich.*

Dichorisandra, *Mick.*

FAMILLE 34. JONCACÉES, *JUNCACEÆ.* (7)

Luzula, *De Cand.*

Juncus, *Linn.*

Rapatea, *Aubl.*

Flagellaria, *Linn.*

CLASSE 8. AROIDÉES, *AROIDEÆ*.

FAMILLE 35. ARACÉES, *ARACEÆ*. (8)

TRIBU 1. CALLACÉES, *CALLACEÆ*.

Acorus, *Linn.*

Gymnostachys, *R. Br.*

Symplocarpus, *Salisb.*

Dracontium, *Linn.*

Spathiphyllum, *Schott.*

Anthurium, *Schott.*

Lasia, *Lour.*

Monstera, *Adans.*

Calla, *Linn.*

TRIBU 2. COLOCASIÉES, *COLOCASIEÆ*.

Richardia, *Kunth.*

Homalonema, *Schott.*

Aglaonema, *Schott.*

Pinelia, *Tenore.* (Atherurus, *Blum.*)

Dieffenbachia, *Schott.*

Philodendron, *Schott.*

Syngonium, *Schott.*

Acontias, *Schott.*

Xanthosoma, *Schott.*

Peltandra, *Rafin.*

Calladium, *Vent.*

Colocasia, *Ray.*

Gonatanthus, *Klotsch.*

Amorphophallus, *Blum.*

Dracunculus, *Tourn.*

Sauromatum, *Schott.*

Typhonium, *Schott.*

Arum, *Linn.*

Biarum, *Schott.*

Arisœma, *Mart.*

Arisarum, *Tourn.*

Ambrosinia, *Bass.*

Pistia, *Linn.*

FAMILLE 36. TYPHACÉES, *TYPHACEÆ.* (8)

Typha, *Tourn.*

Sparganium, *Tourn.*

CL. 9. PANDANOIDÉES, *PANDANOIDEÆ.*

FAMILLE 37. CYCLANTHÉES, *CYCLANTHEÆ.* (8)

Cyclanthus, *Poit.*

Carludovica, *R.* et *Pav.*

FAMILLE 38. FREYCINÉTIÉES, *FREYCINETIEÆ.* (8)

Freycinetia, *Gaudich.*

FAMILLE 39. PANDANÉES, *PANDANEÆ.* (8)

Pandanus, *Linn.*

Vinsonia, *Gaudich.*

CLASSE 10. PHŒNICOIDÉES, *PHOENICOI-DEÆ.*

FAMILLE 40. NIPACÉES, *NIPACEÆ.* (8)

Nipa, *Thunb.*

FAMILLE **41. PHYTÉLÉPHASIÉES**, *PHYTELE-PHASIEÆ*. (8)

Phytelephas, *R.* et *Pav.*

FAMILLE 42. PALMIERS, *PALMÆ*. (8)

TRIBU 1. ARÉCINÉES, *ARECINEÆ*.

Chamædorea, *Willd.*
Hyospathe, *Mart.*
Hyophorbe, *Gærtn.*
OEnocarpus, *Mart.*
Euterpe, *Mart.*
Oreodoxa, *Willd.*
Areca, *Linn.*
Pinanga, *Blume.*
Seaforthia, *R. Br.*
Orania, *Blume.*
Harina, *Ham.* (Wallichia, *Roxb.*)
Iriartea, *R.* et *P.*
Ceroxylon, *H.* et *B.*
Arenga, *Labill.* (Saguerus, *Roxb.*)
Caryota, *Linn.*

TRIBU 2. CALAMÉES, *CALAMEÆ*.

Calamus, *Linn.*
Dœmonorops, *Blume.*
Plectocomia, *Mart.*
Zalacca, *Reinw.*
Sagus, *Gærtn.*
Mauritia, *Linn.*

6

ᴛʀɪʙᴜ 3. BORASSINÉES, *BORASSINEÆ.*

Borassus, *Linn.*
Latania, *Commers.*
Hyphæne, *Gœrtn.*
Geonoma, *Willd.*
Manicaria, *Gœrtn.*

ᴛʀɪʙᴜ 4. CORYPHINÉES, *CORYPHINEÆ.*

Corypha, *Linn.*
Livistona, *R. Br.*
Licuala, *Rumph.*
Saribus, *Blume.*
Brahea, *Mart.*
Copernicia, *Mart.*
Sabal, *Adans.*
Chamærops, *Linn.*
Rhapis, *Linn. fil.*
Thrinax, *Linn. fil.*
Phœnix, *Linn.*

ᴛʀɪʙᴜ 5. COCOINÉES, *COCOINEÆ.*

Desmoncus, *Mart.*
Bactris, *Jacq.*
Guilielma, *Mart.*
Martinezia, *R. et Pav.*
Acrocomia, *Mart.*
Astrocaryum, *C. W. Mey.*
Attalea, *H. B. et K.*
Elaeis, *Jacq.*

Cocos, *Linn.*
Diplothemium, *Mart.*
Maximiliana, *Mart.*
Jubæa, *H. B.* et *K.*

CLASSE 11. LIRIOIDÉES, *LIRIOIDEÆ.*

FAM. 43. MÉLANTHACÉES, *MELANTHACEÆ.* (8)

TRIBU 1. COLCHICÉES, *COLCHICEÆ.*

Bulbocodium, *Linn.*
Merendera, *Ram.*
Colchicum, *Linn.*

TRIBU 2. VÉRATRÉES, *VERATREÆ.*

Disporum, *Salisb.*
Uvularia, *Linn.*
Schelhammera, *Zucc.*
Melanthium, *Linn.*
Wurmbea, *Schreb.*
Helonias, *Linn.*
Xerophyllum, *Rich.*
Tofieldia, *Huds.* (Narthecium, *Juss.*)
Veratrum, *Linn.*

FAMILLE 44. LILIACÉES, *LILIACEÆ.* (8, 9, 10)

TRIBU 1. XÉROTÉES, *XEROTEÆ.*

Xanthorrhœa, *Smith.*
Xerotes, *R. Br.* (Lomandra, *Labill.*)
Aphyllanthes, *Tournef.*
Sowerbea, *Smith.*

Dasylirion, *Zuccar*.

Narthecium, *Mœhr*. (Abama, *Adans*.)

TRIBU 2. ASPARAGÉES, *ASPARAGEÆ*.

Smilax, *Tourn*.

Dracœna, *Vandelli*.

Dianella, *Lamarck*.

Cordyline, *Commers*.

Myrsiphyllum, *Willd*.

Asparagus, *Linn*.

Eustrephus, *R. Br*.

Danaida, *Link*.

Ruscus, *Tourn*.

Smilacina, *Desf*.

Mayanthemum, *Mœnch*.

Convallaria, *Desf*.

Polygonatum, *Tourn*.

Streptopus, *Rich*.

Medeola, *Gronov*.

Trillium, *Linn*.

Paris, *Linn*.

TRIBU 3. ASPIDISTRÉES, *ASPIDISTREÆ*.

Ophiopogon, *Ait*.

Peliosanthes, *Andr*.

Aspidistra, *Ker*.

Tupistra, *Ker*.

Rhodea, *Roth*.

TRIBU 4. HYACINTHINÉES, *HYACINTHINEÆ.*

Muscari, *Tourn.*

Bellevalia, *Lapeyr.*

Hyacinthus, *Linn.*

Weltheimia, *Gleditsch.*

Uropetalum, *Ker.*

Agraphis, *Link.*

Lachenalia, *Jacq.*

Drimia, *Jacq.*

Massonia, *Linn.*

Eucomis, *L'Hérit.*

Scilla, *Linn.*

Urginea, *Steinh.*

Ornithogalum, *Linn.*

Albuca, *Linn.*

Myogalum, *Link.*

Nothoscordum, *Kunth.*

Allium, *Linn.*

Cæsia, *R. Br.*

Thysanotus, *R. Br.*

Trichopetalum, *Lindl.*

Chlorophytum, *Ker.*

Arthropodium, *R. Br.*

Bulbine, *Linn.*

Anthericum, *Linn.*

Phalangium, *Juss.*

Cyanella, *Linn.*

Echeandia, *Lagasc.*

6*

Eriospermum, *Jacq.*

Herreria, *R.* et *Pav.*

TRIBU 5. ALOINÉES, *ALOINEÆ.*

Eremurus, *Bieberst.*

Asphodelus, *Linn.*

Asphodeline, *Reich.*

Lomatophyllum, *Willd.*

Aloe, *Tourn.*

Tritoma, *Ker.*

Sanseviera, *Thunb.*

TRIBU 6. HÉMÉROCALLIDÉES, *HEMEROCALLIDEÆ.*

Hemerocallis, *Linn.*

Milla, *Cav.*

Triteleia, *Hook.*

Brodiæa, *Smith.*

Leucocoryne, *Lindl.*

Blandfordia, *Smith.*

Polyanthes, *Linn.*

Agapanthus, *L'Hérit.*

Funkia, *Spreng.*

Phormium, *Forst.*

TRIBU 7. TULIPACÉES, *TULIPACEÆ.*

Yucca, *Linn.*

Methonica, *Herm.*

Lilium, *Linn.*

Fritillaria, *Linn.*

Calochortus, *Pursh.*

Lloydia , *Salisb.*
Gagea , *Salisb.*
Tulipa, *Tourn.*
Erythronium , *Linn.*
? Roxburghia , *Don.*

FAMILLE 45. GILLIÉSIÉS, *GILLIESIÆ*. (11)

Gilliesia, *Lindl.*
Miersia , *Lindl.*

FAM. 46. AMARYLLIDÉES, *AMARYLLIDEÆ*. (11)

Narcissus , *Linn.*
Pancratium , *Linn.*
Calostemma , *R. Br.*
Eurycles , *Salisb.*
Coburgia , *Sweet.*
Eustephia , *Cavan.*
Cyrtanthus , *Ait.*
Hæmanthus , *Linn.*
Collania , *Schult.*
Crinum , *Linn.*
Griffinia , *Ker.*
Brunswigia , *Ker.*
Amaryllis , *Linn.*
Sternbergia, *Waldst.*
Strumaria , *Jacq.*
Leucojum , *Linn.*
Galanthus , *Linn.*
Clivia , *Lindl.* (Imatophyllum , *Hook.*)

Alstrœmeria, *Linn.*

Bomarea, *Mirb.*

Doryanthes, *Correa.*

Agave, *Linn.* (Littæa, *Tagl.*)

Furcroya, *Vent.*

FAMILLE 47. HYPOXIDÉES, *HYPOXIDEÆ.* (11)

Hypoxis, *Linn.*

Curculigo, *Gœrtn.*

FAMILLE 48. ASTÉLIÉES, *ASTELIEÆ.* (11)

Astelia, *Banks* et *Sol.*

FAMILLE 49. TACCACÉES, *TACCACEÆ.* (11)

Tacca, *Forst.*

Ataccia, *Presl.*

FAMILLE 50. DIOSCORÉES, *DIOSCOREÆ.* (12)

Dioscorea, *Plum.*

Rajania, *Linn.*

Tamus, *Linn.*

FAMILLE 51. IRIDÉES, *IRIDEÆ.* (12)

Sisyrinchium, *Linn.*

Libertia, *Spreng.*

Cipura, *Aubl.* (Marica, *Schreb.*)

Vieusseuxia, *Laroch.*

Moræa, *Linn.*

Iris, *Linn.*

Cypella, *Herbert.*

Tigridia, *Juss.*
Ferraria, *Linn.*
Pardanthus, *Ker.*
Aristea, *Soland.*
Witsenia, *Thunb.*
Patersonia, *R. Br.*
Galaxia, *Thunb.*
Lapeyrousia, *Pourr.* (Ovieda, *Spr.*)
Anomatheca, *Ker.*
Babiana, *Ker.*
Gladiolus, *Tournef.*
Watsonia, *Mill.*
Antholiza, *Linn.*
Sparaxis, *Ker.*
Montbretia, *De Cand.*
Ixia, *Linn.*
Diasia, *De Cand.*
Hesperantha, *Ker.*
Geissorhiza, *Ker.*
Trichonema, *Ker.*
Crocus, *Tourn.*

FAM. 52. BURMANNIACÉES, *BURMANNIACEÆ.*

CLASSE 12. BROMÉLIOIDÉES, *BROMELIOI-DEÆ.*

FAM. 53. HÆMODORACÉES, *HÆMODORACEÆ.* (12)

Xiphidium, *Aubl.*
Wachendorfia, *Burm.*

Anigozanthus , *Labill.*

Conostylis , *R. Br.*

FAMILLE 54. VELLOSIÉES, *VELLOSIEÆ*. (12)

Barbacenia, *Vand.*

FAM. 55. BROMÉLIACÉES, *BROMELIACEÆ*. (12)

Ananassa , *Lindl.*

Bromelia, *Linn.*

Æchmea , *R. et Pav.*

Billbergia , *Thunb.*

Hohenbergia , *Klotsch.*

Acanthostachys , *Klotsch.*

Aræococcus , *Ad. Br.*

Pitcairnia , *L'Hérit.*

Vriesia , *Lindl.*

Quesnelia , *Gaudich.*

Tillandsia , *Linn.*

Caraguata , *Plum.*

Gusmannia, *R. et Pav.*

Neumannia , *Ad. Br.*

Pourretia, *R. et Pav.*

Dickia, *Schult. F.*

FAM. 56. PONTÉDÉRIACÉES, *PONTEDERIACEÆ.*
(12)

Eichhornia , *Kunth.*

Pontederia , *Linn.*

Unisema , *Raf.*

CLASSE 13. SCITAMINÉES, *SCITAMINEÆ*.

FAMILLE 57. MUSACÉES, *MUSACEÆ*. (13)

Musa, *Tourn.*
Ravenala, *Adans.*
Strelitzia, *Banks.*
Heliconia, *Linn.*

FAMILLE 58. CANNÉES, *CANNEÆ*. (13)

Canna, *Linn.*
Calathea, *Mey.*
Phrynium, *Willd.*
Maranta, *Plum.*
Thalia, *Linn.*

FAM. 59. ZINGIBÉRACÉES, *ZINGIBERACEÆ*. (13)

Globba, *Linn.* (Mantisia, *Curt.*)
Zingiber, *Gærtn.*
Curcuma, *Linn.*
Kæmpferia, *Linn.*
Amomum, *Linn.*
Hedychium, *Kœn.*
Alpinia, *Linn.*
Hellenia, *Willd.*
Costus, *Linn.*

CLASSE 14. ORCHIOIDÉES, *ORCHIOIDEÆ.*

FAMILLE 60. ORCHIDÉES, *ORCHIDEÆ.* (13)

TRIB. 1. MALAXIDÉES, *MALAXIDEÆ.*

§ 1. Pleurothallidées, *Pleurothallideæ.*

Pleurothallis, *R. Br.* (Specklinia, *Lindl.*)
Stelis, *Swartz.*
Physosiphon, *Lindl.*
Masdevallia, *R.* et *Pav.*
Octomeria, *R. Br.*

§ 2. Liparidées, *Liparideæ.*

Liparis, *Rich.*
Dendrochylum, *Blume.*
Malaxis, *Swartz.*

§ 3. Dendrobiées, *Dendrobieæ.*

Dendrobium, *Swartz.*
Pedilonum, *Blume.*
Aporum, *Blume.*
Bolbophyllum, *P. Thouars.*
Cirrhopetalum, *Lindl.*
Eria, *Lindl.*
Polystachia, *Hook.*

TRIB. 2. ÉPIDENDRÉES, *EPIDENDREÆ.*

§ 1. Cœlogynées, *Cœlogyneæ.*

Cœlogyne, *Lindl.*
Pholidota, *Lindl.*

§ 2. Isochilées , *Isochileæ.*

Isochilus , *R. Br.*

Diothonea , *Lindl.*

§ 3. Læliées , *Lælieæ.*

Epidendrum , *Linn.* (Encyclia , *Hook.*)

Ponera , *Lindl.*

Hexadesmia , *Brong.*

Dinema , *Lindl.*

Sophronitis , *Lindl.*

Barkeria , *Knowles.*

Broughtonia , *R. Br.*

Chysis , *Lindl.*

Lælia , *Lindl.*

Cattleya , *Lindl.*

Schomburgkia , *Lindl.*

Leptotes , *Lindl.*

Brasavola , *Lindl.*

§ 4. Bletiées , *Bletieæ.*

Evelina , *Poepp.* et *Endl.*

Bletia , *R.* et *Pav.*

Spathoglottis , *Blume.*

Phajus , *Lour.*

ᴛʀɪʙ. 3. VANDÉES , *VANDEÆ.*

§ 1. Sarcanthées , *Sarcantheæ.*

Eulophia , *R. Br.*

Galeandra , *Lindl.*

Cyrtopera, *Lindl.*

Lissochilus, *R. Br.*

Vanda, *R. Br.*

Renanthera, *Lour.*

Camarotis, *Lindl.*

Saccolabium, *Lindl.*

Sarcanthus, *Lindl.*

OEceoclades, *Lindl.*

Angræcum, *P. Thouars.*

Sarcadenia, *Brong.*

§ 2. Cryptochilées, *Cryptochileæ.*

Acanthophippium, *Blume.*

§ 3. Brassiées, *Brassieæ.*

Ansellia, *Lindl.*

Acriopsis, *Lindl.*

Trichopilia, *Lindl.*

Pilumna, *Lindl.*

Dichæa, *Lindl.*

Fernandezia, *R.* et *Pav.*

Oncidium, *Swartz.*

Odontoglossum, *Kunth.*

Brassia, *R. Br.*

Miltonia, *Lindl.*

§ 4. Maxillariées, *Maxillerieæ.*

Stanhopea, *Frost.*

Houlletia, *Brong.*

Peristeria, *Hook.*

Govenia, *Lindl.*

Gongora, *R.* et *Pav.*

Acropera, *Lindl.*

Cœlia, *Lindl.*

Trigonidium, *Lindl.*

Grobya, *Lindl.*

Huntleya, *Lindl.*

Zygopetalum, *Hook.*

Warrea, *Lindl.*

Ornithidium, *Salisb,*

Maxillaria, *R.* et *Pav.*

Dicrypta, *Lindl.*

Lycaste, *Lindl.*

Camaridium, *Lindl.*

Scaphiglottis, *Pœpp.* et *Endl.*

Colax, *Lindl.*

Galeottia, *A. Rich.*

§ 5. Catasétées, *Cataseteœ.*

Catasetum, *L. C. Rich.* (Myanthus, *Lindl.*)

Mormodes, *Lindl.*

Cychnoches, *Lindl.*

Cyrtopodium, *R. Br.*

§ 6. Notyliées, *Notylieœ.*

Notylia, *Lindl.*

Cirrhea, *Lindl.*

Ornithocephalus, *Hook.*

§ 7. Jonopsidées, *Jonopsideæ.*

Rodriguezia, *R.* et *P.*(Gomeza, *R. Br.*)
Burlingtonia, *Lindl.*
Jonopsis, *H. B.* et *Kunth.*

§ 8. Calanthées, *Calantheæ.*

Calanthe, *R. Br.*

тrib. 4. OPHRYDÉES, *OPHRYDEÆ.*

§ 1. Serapiadées, *Serapiadeæ.*

Orchis, *Linn.*
Anacamptis, *L. C. Rich.*
Nigritella, *L. C. Rich.*
Aceras, *R. Br.*
Serapias, *Linn.*
Ophrys, *Swartz.*
Satyrium, *Swartz.*

§ 2. Gymnadeniées, *Gymnadenieæ.*

Gymnadenia, *R. Br.*
Platanthera, *L. C. Rich.*
Habenaria, *Willd.*
Bonatea, *Willd.*

тrib. 5. ARÉTHUSÉES, *ARETHUSEÆ.*

§ 1. Limodorées, *Limodoreæ.*

Limodorum, *Tournef.*
Cephalanthera, *L. C. Rich.*

§ 2. Vanillées, *Vanilleæ*.

Cyathoglottis, *Poepp.* et *Endl.*
Guebina, *Ad. Brong.*
Sobralia, *R.* et *Pav.*
Vanilla, *Swartz.*

ᴛᴜɪʙ. 6. NÉOTTIÉES, *NEOTTIEÆ*.

§ 1. Cranichidées, *Cranichideæ*.

Ponthiæva, *R. Br.*
Prescottia, *Lindl.*

§ 2. Listérées, *Listereæ*.

Listera, *R. Br.*
Neottia, *R. Br.*
Epipactis, *Hall.*

§ 3. Spiranthées, *Spirantheæ*.

Spiranthes, *L. C. Rich.*
Stenorhynchus, *L. C. Rich.*
Pelexia, *Poit.*

§ 4. Physaridées, *Physarideæ*.

Goodiera, *R. Br.*
Anœctochilus, *Blume.*
Physurus, *L. C. Rich.*

ᴛʀɪʙ. 7. CYPRIPÉDIÉES, *CYPRIPEDIEÆ*.

Cypripedium, *Linn.*

7*

FAMILLE 61. APOSTASIÉES, *APOSTASIEÆ*.

CLASSE 15. FLUVIALES, *FLUVIALES*.

FAM.62. HYDROCHARIDÉES, *HYDROCHARIDEÆ*.(13)

Vallisneria, *Michel*.
Stratiotes, *Linn*.
Hydrocharis, *Linn*.

FAMILLE 63. BUTOMÉES, *BUTOMEÆ*. (13)

Butomus, *Tournef*.
Hydrocleis, *L. C. Rich*.
Limnocharis, *L. C. Rich*.

FAMILLE 64. ALISMACÉES, *ALISMACEÆ*. (13)

TRIB. 1. ALISMÉES, *ALISMEÆ*.

Damasonium, *Juss*.
Alisma, *Juss*.
Sagittaria, *Linn*.

TRIB. 2. JUNCAGINÉES, *JUNCAGINEÆ*.

Scheuchzeria, *Linn*.
Triglochin, *Linn*.

FAMILLE 65. NAJADÉES, *NAJADEÆ*. (13)

Aponogeton, *Thunb*.
Spathium, *Lour*,
Potamogeton, *Linn*.
Zanichellia, *Mich*.
Najas, *Willd*.
Caulinia, *Willd*.

FAMILLE 66. LEMNACÉES, *LEMNACEÆ*. (13)

Lemna, *Linn.*
Telmatophace, *Schleid.*

4ᵉ EMBRANCHEMENT. DICOTYLÉDONÉES, *DICOTYLEDONEÆ*.

Embryon à deux cotylédons opposés ou à cotylédons verticillés ; tiges présentant des faisceaux fibro-vasculaires formant un cylindre autour d'une moelle centrale, séparables en une zone interne ligneuse, et une zone externe corticale, et s'accroissant par des couches concentriques.

1ᵉʳ SOUS-EMBRANCHEMENT. ANGIOSPERMES, *ANGIOSPERMÆ*.

1ʳᵉ SÉRIE. GAMOPÉTALES, *GAMOPETALÆ*.

§ 1. Périgynes, *Perigynæ.*

CLASSE 16. CAMPANULINÉES, *CAMPANULINEÆ*.

FAM. 67. CAMPANULACÉES, *CAMPANULACEÆ*. (14)

ᴛ ꜱ . 1. CAMPANULÉES, *CAMPANULEÆ.*

Michauxia, *L'Hérit.*
Muschia, *Dumort.*
Adenophora, *Fisch.*
Trachelium, *Linn.*

Specularia, *Heist.*
Campanula, *Linn.*
Symphiandra, *A. De Cand.*
Petromarula, *Bell.-Alph. De Cand.*
Phyteuma, *Linn.*

TRIB. 2. WAHLENBERGIÉES, *WAHLENBERGIEÆ.*

Edraianthus, *Alph. De Cand.*
Roella, *Linn.*
Wahlenbergia, *Schrad.*
Canarina, *Juss.*
Platycodon, *Alph. De Cand.*
Jasione, *Linn.*

FAMILLE 68. LOBÉLIACÉES, *LOBELIACEÆ.* (14)

Isotoma, *R. Br.*
Laurentia, *Neck.*
Siphocampylus, *Pohl.*
Tupa, *Alph. De Cand.*
Lobelia, *Linn.*
Drobowskia, *Presl.*
Isolobus, *Alph. de Cand.*
Monopsis, *Salisb.*
Clintonia, *Dougl.*
Centropogon, *Presl.*
Piddingtonia, *Alph. De Cand.*

FAMILLE 69. GOODÉNIACÉES, *GOODENIACEÆ*. (14)

TRIB. 1. GOODÉNIÉES, *GOODENIEÆ*.

Leschenaultia, *R. Br.*
Velleya, *Smith.*
Euthales, *R. Br.*
Goodenia, *Smith.*

TRIB. 2. SCÆVOLÉES, *SCÆVOLEÆ*.

Scævola, *Linn.*

FAMILLE 70. STYLIDIÉES, *STYLIDIEÆ*. (14)

Stylidium, *Swartz.*

FAMILLE 71. CALYCÉRÉES, *CALYCEREÆ*. (14)

Acicarpha, *Juss.*
Boopis, *Juss.*

FAM. 72. BRUNONIACÉES, *BRUNONIACEÆ*.

CLASSE 17. ASTÉROIDÉES, *ASTEROIDEÆ*.

FAMILLE 73. COMPOSÉES, *COMPOSITEÆ*.

TRIB. 1. CHICORACÉES, *CHICORACEÆ*. (15)

§ 1. Hiéraciées, *Hieracieæ*.

Mulgedium, *Cass.*
Troximon, *Gærtn.*
Dubyæa, *De Cand.*
Andryala, *Linn.*
Heteracia, *Fisch* et *Mey.*

Nabalus, *Cass.*
Hieracium, *Tournef.*

§ 2. Lactucées , *Lactuceæ.*

Prenanthes, *Vaill.*
Sonchus , *Cass.*
Picridium, *Desf.*
Intybellia , *Cass.*
Pterotheca , *Cass.*
Endoptera, *De Cand.*
Zacintha , *De Cand.*
Brachyramphus, *De Cand.*
Phœnopus, *De Cand.*
Crepis , *Linn.*
Barkhausia , *Moench.*
Macrorrhyncus , *Less.*
Taraxacum, *Juss.*
Pyrrhopappus , *De Cand.*
Chondrilla , *Linn.*
Lactuca , *Tournef.*

§ 3. Scorzonérées , *Scorzonereæ.*

Helminthia , *Juss.*
Picris , *Linn.*
Asterotrix , *Cass.*
Scorzonera , *Linn.*
Urospermum, *Scopol.*
Tragopogon, *Tourn.*
Geropogon, *Linn.*

Podospermum, *De Cand.*
Oporinia, *Willd.*
Apargia, *Willd.*
Leontodon, *Juss.*
Kalbfussia, *Schultz.*
Thrincia, *Roth.*

§ 4. Rodigiées, *Rodigieæ.*

Rodigia, *Spreng.*

§ 5. Hypochæridées, *Hypochærideæ.*

Robertia, *De Cand.*
Seriola, *Linn.*
Achyrophorus, *Scopol.*
Hypochæris, *Vaill.*

§ 6. Hyoséridées, *Hyoserideæ.*

Cynthia, *Don.*
Microseris, *Don.*
Krigia, *Schreb.*
Tolpis, *Bivon.*
Cichorium, *Tournef.*
Catananche, *Vaill.*
Aposeris, *Neck.*
Hedypnois, *Tournef.*
Harpachœna, *Bunge.*
Hyoseris, *Juss.*
Arnoseris, *Gærtn.*

§ 7. Lampsanées, *Lampsaneœ*.

Koelpinia, *Pall.*
Rhagadiolus, *Tournef.*
Lampsana, *Tournef.*

§ 8. Scolymées, *Scolymeœ*.

Scolymus, *Tournef.*

ᴛʀɪʙ. 2. NASSAUVIACÉES, *NASSAUVIACEÆ*. (16)

§ 1. Trixidées, *Trixideœ*.

Moscharia, *R.* et *Pav.*
Leuceria, *Lagasc.*

§ 2. Nassauviées, *Nassauvieœ*.

Triptilion, *R.* et *Pav.*

ᴛʀɪʙ. 3. MUTISIACÉES, *MUTISIACEÆ*. (16)

§ 1. Lériées, *Lerieœ*.

Chaptalia, *Vent.*

§ 2. Mutisiées, *Mutisieœ*.

Anandria, *Linn.*
Gerbera, *Gron.*
Chætanthera, *R.* et *Pav.*
Stifftia, *Mikan.*
Mutisia, *Linn. F.*
Barnadesia, *Linn.*

TRIB. 4. CYNARÉES, *CYNAREÆ*. (16, 17)

§ 1. Serratulées, *Serratuleæ*.

Serratula, *Linn.*
Alfredia, *De Cand.*
Jurinea, *Cass.*
Leuzea, *De Cand.*
Rhaponticum, *De Cand.*
Acroptilon, *Cass.*

§ 2. Carduinées, *Carduineæ*.

Lappa, *Tournef.*
Echenais, *Cass.*
Notobasis, *Cass.*
Chamæpeuce, *Pr. Alp.*
Erythrolæna, *Sweet.*
Cirsium, *Tournef.*
Picnomon, *Lobel.*
Carduus, *Gærtn.*
Cynara, *Vaill.*
Onopordon, *Vaill.*

§ 3. Silybées, *Silybeæ*.

Tyrimnus, *Cass.*
Galactites, *Moench.*
Silybum, *Vaill.*

§ 4. Carthamées, *Carthameæ*.

Carduncellus, *Adans.*

8

Onobroma, *De Cand.*
Carthamus, *Tournef.*
Kentrophyllum, *Necker.*

§ 5. Centaurées, *Centaurieæ.*

Cnicus, *Vaill.*
Centaurea, *Linn.*
Microlonchus, *Cass.*
Crupina, *Cass.*
Zoegea, *Linn.*
Amberboa, *De Cand.*

§ 6. Carlinées, *Carlineæ.*

Cousinia, *Cass.*
Atractylis, *Linn.*
Carlina, *Tournef.*
Stœhelina, *Linn.*
Arctium, *Dalech.*
Aplotaxis, *De Cand.*
Saussurea, *De Cand.*

§ 7. Xéranthémées, *Xeranthemeæ.*
Chardinia, *Desf.*
Xeranthemum, *Tournef.*

§ 8. Cardopatées, *Cardopateæ.*
Cardopatium, *Juss.*

§ 9. Échinopsidées, *Echinopsideæ.*
Echinops, *Linn.*

TRIB. 5. CALENDULACÉES, *CALENDULACEÆ*. (18)

§ 1. Arctotidées, *Arctotideæ*.

Gazania, *Gærtn.*
Berckheya, *Ehrh.*
Didelta, *Less.*
Gorteria, *Gærtn.*
Cullumia, *R. Br.*
Cryptostemma, *R. Br.*
Arctotheca, *Wendl.*
Alloizonium, *Kunze.*
Venidium, *Less.*
Arctotis, *Gærtn.*

§ 2. Calendulées, *Calenduleæ*.

Othonna, *Linn.*
Osteospermum, *Linn.*
Tripteris, *Less.*
Calendula, *Linn.*

TRIB. 6. SÉNÉCIONIDÉES, *SENECIONIDEÆ*. (18-21)

§ 1. Sénécionées, *Senecioneæ*.

Senecio, *Linn.*
Kleinia, *Linn.*
Cacalia, *Linn.*
Doronicum, *Linn.*
Arnica, *Linn.*
Ligularia, *Cass.*

Cineraria, *Less.*

Emilia, *Cass.*

Cremocephalum, *Cass.*

Erechthites, *Rafin.*

Bedfordia, *De Cand.*

Euryops, *Cass.*

§ 2. Gnaphaliées, *Gnaphalieæ.*

Rhynchopsidium, *De Cand.*

Eclopes, *Gærtn.*

Carpesium, *Linn.*

Leyssera, *Linn.*

Leontopodium, *R. Br.*

Antennaria, *R. Br.*

Phænocoma, *Don.*

Erythropogon, *De Cand.*

Filago, *Tournef.*

Pteropogon, *De Cand.*

Gnaphalium, *Linn.*

Achyrocline, *De Cand.*

Helipterum, *De Cand.*

Helichrysum, *Vaill.*

Ozothamnus, *R. Br.*

Lawrencella, *Lindl.*

Podotheca, *Cass.*

Rhodanthe, *Lindl.*

Humea, *Smith.*

Apalochlamys, *Cass.*

Cassinia, *R. Br.*
Ixodia, *R. Br.*
Ammobium, *R. Br.*

§ 3. Anthémidées, *Anthemideœ.*

Eriocephalus, *Linn.*
Hippia, *Linn.*
Soliva, *R. et Pav.*
Myriogyne, *Less.*
Chlamydophora, *Ehrenb.*
Plagius, *L'Hérit.*
Tanacetum, *Linn.*
Artemisia, *Linn.*
Morusia, *Cass.*
Athanasia, *Linn.*
Hymenolepis, *Cass.*
Gonospermum, *Less.*
Lonas, *Adans.*
Cenia, *Commers.*
Cotula, *Linn.*
Monolopia, *De Cand.*
Dimorphotheca, *Vaill.*
Chrysanthemum, *De Cand.*
Pyrethrum, *Gœrtn.*
Matricaria, *Linn.*
Leucanthemum, *Tourn.*
Nananthea, *De Cand.*
Leucopsidium, *De Cand.*

Gamolepis, *Less.*

Lasiospermum, *Lagasc.*

Santolina, *Tournef.*

Diotis, *Desf.*

Achillea, *Linn.*

Ptarmica, *Tournef.*

Cladanthus, *Cass.*

Ormenis, *Cass.*

Anacyclus, *Pers.*

Maruta, *Cass.*

Anthemis, *Linn.*

OEderia, *Linn.*

§ 4. Héléniées, *Heleniecæ.*

Oxyura, *De Cand.*

Madaria, *De Cand.*

Madia, *Mol.*

Sphenogyne, *R. Br.*

Tridax, *Linn.*

Sogalgina, *Cass.*

Galinsoga, *R. et Pav.*

Otocaulon, *Remy.*

Calea, *R. Br.*

Ptilomeris, *Nutt.*

Helenium, *Linn.*

Baeria, *Fisch* et *Mey.*

Callichroa, *Fisch* et *Mey.*

Lasthenia, *Cass.*

Cephalophora, *Cav.* (Græmia, *Hook.*)
Bahia, *Lagasc.*
Florestina, *Cass.*
Schkuhria, *Roth.*
Achyropappus, *Kunth.*
Lepidostephanus, *Bartl.*
Gaillardia, *Foug.*
Achyrachæna, *Schauer.*

§ 5. Tagétinées, *Tagetineæ.*

Porophyllum, *Vaill.*
Tagetes, *Tournef.*
Dysodia, *Cavan.*
Syncephalantha, *Bartl.*

§ 6. Flavériées, *Flaverieæ.*

Broteroa, *Spreng.*
Flaveria, *Juss.*

§ 7. Hélianthées, *Heliantheæ.*

Narvalina, *Cass.*
Heterospermum, *Willd.*
Synedrella, *Gærtn.*
Sanvitalia, *Gualt.*
Ximenesia, *Cavan.*
Spilanthes, *Jacq.*
Verbesina, *Linn.*
Perymenium, *Schrad.*
Cosmos, *Cavan.*

Bidens, *Linn.*

Helianthus, *Linn.*

Tithonia, *Desf.*

Harpalium, *Cass.*

Leighia, *Cass.*

Viguiera, *Kunth.*

Actinomeris, *Nutt.*

Coreopsis, *Linn.*

Calliopsis, *Reichenb.*

Chrysostemma, *Less.*

Encelia, *Adans.*

Sclerocarpus, *Jacq.*

Montanoa, *Llav.* et *Lex.*

Obeliscaria, *Cass.*

Dracopis, *Cass.*

Rudbeckia, *Linn.*

Echinacea, *Mœnch.*

Chiliophyllum, *De Cand.*

Zaluzania, *Pers.*

Ferdinanda, *Lagasc.*

Guizotia, *Cass.*

Heliopsis, *Pers.*

Pascalia, *Orteg.*

Melanthera, *Rohr.*

Jægeria, *Kunth.*

Wedelia, *Jacq.*

Zinnia, *Linn.*

§ 8. Melampodiées, *Melampodieæ.*

Parthenium, *Linn.*
Iva, *Linn.*
Ambrosia, *Tourn.*
Franseria, *Cavan.*
Xanthium, *Tourn.*
Acanthospermum, *Schrank.*
Melampodium, *Linn.*
Polymnia, *Linn.*
Silphium, *Linn.*
Fougerouxia, *De Cand.*
Elvira, *Cass.*
Euxenia, *Cham*

TRIB. 7. ASTÉRACÉES, *ASTERACEÆ.* (22, 23)

§ 1. Écliptées, *Eclipteæ.*

Siegesbeckia, *Linn.*
Dahlia, *Cavan.*
Salmea, *De Cand.*
Blainvillea, *Cass.*
Eclipta, *Linn.*
Borrichia, *Adans.*

§ 2. Buphtalmées, *Buphtalmeæ.*

Pallenis, *Cass.*
Asteriscus, *Mœnch.*
Telekia, *Baumg.*
Buphtalmum, *Cass.*

§ 3. Inulées, *Inuleæ.*

Amblyocarpum, *Fisch.* et *Mey.*
Pulicaria, *De Cand.*
Jasonia, *De Cand.*
Francœuria, *Cass.*
Inula, *Gærtn.*

§ 4. Tarchonanthées, *Tarchonantheæ.*

Micropus, *Linn.*
Evax, *Gærtn.*
Pluchea, *Cass.*
Tarchonanthus, *Linn.*
Brachylæna, *R. Br.*

§ 5. Baccharidées, *Baccharideæ.*

Baccharis, *Linn.*
Phagnalon, *Cass.*
Conyza, *Less.*
Grangea, *Adans.*
Dichrocephala, *De Cand.*
Sphæranthus, *Vaill.*

§ 6. Astérées, *Astereæ.*

Chrysocoma, *Linn.*
Linosyris, *De Cand.*
Aplopappus, *Cass.*
Solidago, *Linn.*
Chrysopis, *Nutt.*

Neja, *Don.*
Psiadia, *Jacq.*
Heterotheca, *Cass.*
Grindelia, *Willd.*
Gymnosperma, *Less.*
Garulum, *Cass.*
Myriactis, *Less.*
Brachycome, *Cass.*
Bellis, *Linn.*
Bellium, *Linn.*
Boltonia, *L'Hérit.*
Charieis, *Cass.*
Stenactis, *Nees.*
Erigeron, *Linn.*
Polyactidium, *De Cand.*
Diplopappus, *Cass.*
Callistephus, *Cass.*
Diplostephium, *Cass.*
Olearia, *Mœnch.*
Eurybia, *Cass.*
Biotia, *De Cand.*
Sericocarpus, *Nees.*
Calimeris, *Nees.*
Galatella, *Cass.*
Tripolium, *Nees.*
Aster, *Nees.*
Bellidiastrum, *Cass.*
Agathea, *Cass.*

Munychia, *Cass.*
Felicia, *Cass.*
Mairia, *De Cand.*
Amellus, *Cass.*

TRIB. 8. EUPATORIACÉES, *EUPATORIACEÆ.* (24)

§ 1. Tussilaginées, *Tussilagineæ.*

Brachyglottis, *Forst.*
Tussilago, *Tourn.*
Petasites, *Tourn.*
Nardosmia, *Cass.*
Homogyne, *Cass.*

§ 2. Eupatoriées, *Eupatorieæ.*

Adenostyles, *Cass.*
Mikania, *Willd.*
Eupatorium, *Tourn.*
Critonia, *Pat. Br.*
Liatris, *Schreb.*
Palafoxia, *Lagasc.* (Paleolaria, *Cass.*)
Stevia, *Cavan.*
Ageratum, *Linn.*
Cœlestina, *Cass.*
Piqueria, *Cavan.*

TRIB. 9. VERNONIACÉES, *VERNONIACEÆ.* (24)

§ 1. Pectidées, *Pectideæ.*

Pectis, *Linn.*

§ 2. Vernoniées, *Vernonieæ.*

Lagascea, *H. B.* et *K.*
Rolandra, *Rottb.*
Gundelia, *Tourn.*
Elephantopus, *Cass.*
Centratherum, *Cass.* (Ampherephis, *K.*)
Vernonia, *Schreb.*
Ethulia, *Linn.*

CL. 18. LONICÉROIDÉES, *LONICEROIDEÆ.*

FAMILLE 74. DIPSACÉES, *DIPSACEÆ.* (25)

Scabiosa, *Linn.*
Pterocephalus, *Vaill.*
Knautia, *Linn.*
Cephalaria, *Schrad.*
Dipsacus, *Tournef.*
Morina, *Tournef.*

FAMILLE 75. VALÉRIANÉES, *VALERIANEÆ.* (25)

Patrinia, *Juss.*
Valerianella, *Moench.*
Fedia, *Moench.*
Plectritis, *De Cand.*
Centranthus, *De Cand.*
Valeriana, *Linn.*

FAM. 76. CAPRIFÓLIACÉES, *CAPRIFOLIACEÆ*. (25)

TRIB. 1. LONICÉRÉES, *LONICEREÆ*.

Linnæa, *Gronov.*
Abelia, *R. Br.*
Symphoricarpos, *Dillen.*
Leycesteria, *Wall.*
Lonicera, *Linn.*
Diervilla, *Tournef.* (Weigelia, *Thunb.*)
Triosteum, *Linn.*

TRIB. 2. SAMBUCÉES, *SAMBUCEÆ*.

Viburnum, *Linn.*
Sambucus, *Tournef.*

CLASSE 19. COFFEINÉES, *COFFEINEÆ*.

FAMILLE 77. RUBIACÉES, *RUBIACEÆ*. (26)

TRIB. 1. OPERCULARIÉES, *OPERCULARIEÆ*.

Opercularia, *Gaertn.*

TRIB. 2. ASPÉRULÉES, *ASPERULEÆ*.

Sherardia, *Dillen.*
Asperula, *Linn.*
Crucianella, *Linn.*
Rubia, *Toarnef.*
Galium, *Linn.*
Callipeltis, *Stev.*
Valantia, *De Cand.*

TRIB. 3. ANTHOSPERMÉES, *ANTHOSPERMEÆ*.

Anthospermum, *Linn.*
Phyllis, *Linn.*
Coprosma, *Forst.*

TRIB. 4. SPERMACOCÉES, *SPERMACOCEÆ*.

§ 1. Putoriées, *Putorieæ*.

Putoria, *Pers.*
Plocama, *Aiton.*
Serissa, *Commers.*

§ 2. Spermacocées, *Spermacoceæ*.

Mitracarpum, *Zuccar.*
Knoxia, *Linn.*
Richardsonia, *Kunth.*
Crusea, *Ch.* et *Schl.*
Diodia, *Linn.*
Spermacoce, *Linn.*
Borreria, *Meyer.*

§ 3. Céphalanthées, *Cephalantheæ*.

Cephalanthus, *Linn.*

TRIB. 5. COFFÉACÉES, *COFFEACEÆ*.

Cephælis, *Swartz.*
Palicourea, *Aubl.*
Psychotria, *Linn.*
Coffea, *Linn.*
Saldinia, *A. Rich.*

Rutidea, *De Cand*.
Pavetta, *Linn*.
Ixora, *Linn*.
Chiococca, *P. Br*.

TRIB. 6. PÆDÉRIÉES, *PÆDERIEÆ*.

Pæderia, *Linn*.

TRIB. 7. GUETTARDÉES, *GUETTARDEÆ*.

Leptodermis, *Wall*.
Pyrostria, *Commers*.
Erithalis, *P. Br*.
Pachystigma, *Hochst*.
Myonima, *Commers*.
Hamiltonia, *Roxb*.
Guettarda, *Vent*.
Vangueria, *Commers*.
Mitchella, *Linn*.
Morinda, *Vaill*.

TRIB. 8. HAMÉLIÉES, *HAMELIEÆ*.

Hamelia, *Jacq*.

TRIB. 9. ISERTIÉES, *ISERTIEÆ*.

Isertia, *Schreb*.

TRIB. 10. GARDENIÉES, *GARDENIEÆ*.

Sarcocephalus, *Afzel*.
Burchellia, *R. Br*.
Mussaenda, *Linn*.

Oxyanthus, *De Cand.*

Genipa, *Plum.*

Gardenia, *Linn.*

Rhodostoma, *Scheidw.*

Randia, *Houst.*

Heinsia, *De Cand.*

Cupia, *De Cand.*

Coccocypselum, *Swartz.*

Fernelia, *Commers.*

TRIB. 11. HÉDYOTIDÉES, *HEDYOTIDEÆ.*

Oldenlandia, *Linn.*

Rondeletia, *Plum.*

Sipanea, *Aubl.*

Portlandia, *P. Br.*

Condaminea, *De Cand.*

TRIB. 12. CINCHONÉES, *CINCHONEÆ.*

Calycophyllum, *De Cand.*

Pinckneya, *L.-C. Rich.*

Bouvardia, *Salisb.* (Houstonia, *Andr.*)

Manetia, *Mutis.*

Exostemma, *L.-C. Rich.*

Cinchona, *Linn.*

Luculia, *Sweet.*

Coutarea, *Aubl.*

Hillia, *Jacq.*

Nauclea, *Linn.*

9*

§ 2. Hypogynes, *Hypogynæ*.

CLASSE 20. ASCLÉPIADINÉES. *ASCLEPIA-DINEÆ*.

FAMILLE 78. SPIGÉLIACÉES, *SPIGELIACEÆ*. (27)

Spigelia, *Linn.*

FAMILLE 79. LOGANIACÉES, *LOGANIACEÆ*. (27)

Logania, *R. Br.*
Fagræa, *Thunb.*
Potalia, *Aubl.*

FAMILLE 80. APOCYNÉES, *APOCYNEÆ*. (27)

TRIB. 1. STRYCHNÉES, *STRYCHNEÆ*.

Strychnos, *Linn.*
Carissa, *Linn.* (Arduinia, *Linn.*)
Melodinus, *Forst.*
Allamanda, *Linn.*

TRIB. 2. OPHIOXYLÉES, *OPHIOXYLEÆ*,

Vallesia, *R.* et *Pav.*
Ophioxylon, *Linn.*
Tanghinia, *P. Thouars.*
Thevetia, *Linn.*
Cerbera, *Linn.*
Kopsia, *Blume.*
Rauwolfia, *Plum.*
Alyxia, *Banks.*
Ochrosia, *Juss.*

TRIB. 3. PLUMÉRIÉES, *PLUMERIEÆ*.

Tabernæmontana, *Linn*.

Plumeria, *Linn*.

Cameraria, *Plum*.

Amsonia, *Walt*.

Vinca, *Linn*.

Lochnera, *Reichenb*.

TRIB. 4. ÉCHITÉES, *ECHITEÆ*.

Alstonia, *R. Br*.

Echites, *P. Br*.

Dipladenia, *A. De Cand*.

Parsonsia, *R. Br*.

Beaumontia, *Wall*.

Pachypodium, *Lindl*.

Hæmadictyon, *Lindl*.

Mandevilla, *Lindl*.

Thenardia, *H. B*. et *K*.

Apocynum, *Linn*.

Cryptolepis, *R. Br*.

Nerium, *Linn*.

Strophanthus, *De Cand*.

Wrightia, *R. Br*.

Gelsemium, *Juss*.

FAMILLE 81. ASCLÉPIADÉES, *ASCLEPIADEÆ*. (27)

TRIB. 1. PÉRIPLOCÉES, *PERIPLOCEÆ*.

Cryptostegia, *R. Br*.

Periploca, *Linn*.

TRIB. 2. SÉCAMONÉES, *SECAMONEÆ.*

Secamone, *R. Br.*

TRIB. 3. CYNANCHÉES, *CYNANCHEÆ.*

Tweedia, *Hook* et *Arn.*

Cynanchum, *Linn.*

Morrenia, *Lindl.*

Arauja, *Brot.* (Physianthus, *Mart.* et *Zucc.*)

Calotropis, *R. Br.*

Oxystelma, *R. Br.*

Gomphocarpus, *R. Br.*

Asclepias, *Linn.*

TRIB. 4. GONOLOBÉES, *GONOLOBEÆ.*

Gonolobus, *L.-C. Rich.*

TRIB. 5. PERGULARIÉES, *PERGULARIEÆ.*

Tylophora, *R. Br.*

Hoya, *R. Br.*

Marsdenia, *R. Br.*

Dischidia, *R. Br.*

Stephanotis, *P. Thouars.*

Pergularia, *Linn.*

Ceropegia, *Linn.*

Stapelia, *Linn.*

Apteranthes, *Mik.*

Huernia, *R. Br.*

FAMILLE 82. GENTIANÉES, *GENTIANEÆ*. (27)

TRIB. 1. CHIRONIÉES, *CHIRONIEÆ*.

Gentiana. *Linn.*
Swertia, *Linn.*
Frasera, *Walt.*
Chironia, *Linn.*
Orphium, *E. Mey.*
Ixanthus, *Griesb.*
Cicendia, *Adans.*
Erythræa, *Renealm.*
Chlora, *Linn.*
Lisyanthus, *Aubl.*
Leianthus, *Griesb.*
Prepusa, *Mart.* et *Zucç.*

TRIB. 2. MÉNYANTHÉES, *MENYANTHEÆ*.

Menyanthes, *Linn.*
Villarsia, *Vent.*

CLASSE 21. CONVOLVULINÉES. *CONVOL-VULINEÆ*.

FAM. 83. POLÉMONIACÉES, *POLEMONIACEÆ*. (28)

Cobæa, *Cavan.*
Cantua, *Juss.*
Bonplandia, *Cavan.* (Caldasia, *Willd.*)
Hoitzia, *Juss.*
Polemonium, *Tournef.*
Phlox, *Linn.*

Leptosiphon, *Benth.*

Gilia, *R.* et *Pav.*

Navarettia, *R.* et *Pav.*

Collomia, *Nutt.*

FAMILLE 84. NOLANÉES, *NOLANEÆ.* (28)

Nolana , *Linn.*

(28)

FAM. 85. CONVOLVULACÉES, *CONVOLVULACEÆ.*

TRIB. 1. DICHONDRÉES, *DICHONDREÆ.*

Dichondra , *Forst.*

Falkia, *Linn. F.*

TRIB. 2. CONVOLVULÉES, *CONVOLVULEÆ.*

Evolvulus, *Linn.*

Cressa , *Linn.*

Breweria, *R. Br.*

Calystegia, *R. Br.*

Convolvulus, *Linn.*

Ipomæa, *Linn.*

Quamoclit, *Tournef.*

Batatas, *Chois.*

Calonyction, *Chois.*

Pharbitis, *Chois.*

Argyreira, *Lour.*

Cuscuta , *Tourn.*

CL. 22. ASPÉRIFOLIÉES, *ASPERIFOLIEÆ.*

FAMILLE 86. CORDIACÉES, *CORDIACEÆ.* (28)

Cordia, *R. Br.* (Cordia et Varronia, *Linn.*)

FAMILLE 87. BORRAGINÉES, *BORRAGINEÆ*. (28)

TRIB. 1. TOURNEFORTIÉES, *TOURNEFORTIEÆ*.

Ehretia, *Linn.*

Grabowskya, *Schreb.*

Tournefortia, *R. Br.* ('Tournefortia et Messerschmidtia, *Linn.*)

Messerschmidtia, *R. et Sch.*

TRIBU 2. HÉLIOTROPIÉES, *HELIOTROPIEÆ*.

Heliotropium, *Linn.*

Thiaridium, *Lehm.*

TRIBU 3. BORRAGÉES, *BORRAGEÆ*.

Cerinthe, *Linn.*

Lobostemon, *Lehm.*

Echium, *Linn.*

Echiochilon, *Desf.*

Nonnea, *Medik.* (Echioïdes, *Desf.*)

Borrago, *Tourn.*

Trachystemon, *Don.* (Psilostemon, *De Cand.*)

Symphytum, *Tourn.*

Caryolopha, *Fisch.* et *Trautv.*

Anchusa, *Linn.*

Lycopsis, *Linn.*

Onosma, *Linn.*

Macromeria, *G. Don.*

Onosmodium, *Michx.*

Lithospermum, *Tournef.*

Mertensia, *Roth.* (Steenhammera, *Reich.*)

Pulmonaria, *Tourn.*

Alkanna, *Tausch.*

Myosotis, *Linn.*

Amsinckia, *Lehm.*

Pectocarya, *De Cand.* (Ktenospermum *Lehm.*)

Eritrichum, *Schrad.* (Cryptantha, *Lehm.*)

Plagiobotrys, *Fisch.* et *Mey.*

Krynitzkia, *Fisch.* et *Mey.*

Echinospermum, *Swartz.*

Heterocaryum, *A. De Cand.*

Asperugo, *Tourn.*

Cynoglossum, *Tourn.*

Omphalodes, *Tourn.*

Solenanthus, *Ledeb.*

Rindera, *Pall.*

Trichodesma, *R. Br.*

FAM. 88. HYDROPHYLLÉES, *HYDROPHYLLEÆ.* (29)

Hydrophyllum, *Tournef.*

Ellisia, *Linn.*

Phacelia, *Juss.* (Cosmanthus, *Nolte.*)

Nemophila, *Bart.*

Eutoca, *R. Br.*

FAMILLE 89. HYDROLÉACÉES, *HYDROLEACEÆ.* (29)

Hydrolea, *Linn.*

Wigandia, *Kunth.*
?Ramondia, *L. C. Rich.*

CLASSE 23. SOLANINÉES, *SOLANINEÆ.*

FAMILLE 90. CESTRINÉES, *CESTRINEÆ.* (29)

Vestia, *Willd.*
Cestrum, *Linn.*
Habrothamnus, *Endl.*
Jochroma, *Benth.*

FAMILLE 91. SOLANÉES, *SOLANEÆ.* (29-31)

Acnistus, *Schott.*
Lycium, *Linn.*
Jaborosa, *Juss.*
Mandragora, *Tourn.*
Withania, *Pauq.*
Lycopersicum, *Tournef.*
Solanum, *Linn.*
Capsicum, *Tournef.*
Witheringia, *L'Hérit.*
Sarracha, *R. et Pav.*
Physalis, *Linn.*
Nicandra, *Adans.*
Ulloa, *Pers.*
Atropa, *Linn.*
Anisodus, *Link.*
Scopolia, *Jacq.*
Hyosciamus, *Tournef.*

10

Solandra, *Swartz.*

Brugmansia, *Pers.*

Datura, *Linn.*

Nicotiana, *Linn.*

Petunia, *Juss.*

Nierembergia, *R.* et *Pav.*

Fabiana, *R.* et *Pav.*

CLASSE 24. PERSONÉES, *PERSONEÆ.*

ORDRE 1. Périspermées, *Perispermeæ.*

FAMILLE 92. SCROPHULARINÉES, *SCROPHULA-RINEÆ.* (31, 32)

TRIBU 1. SALPIGLOSSÉES, *SALPIGLOSSEÆ.*

Anthocercis, *Labill.*

Browallia, *Linn.*

Brunsfelsia, *Plum.* (Franciscea, *Pohl.*)

Salpiglossis, *R.* et *P.*

Schizanthus, *R.* et *Pav.*

TRIBU 2. CALCÉOLARIÉES, *CALCEOLARIEÆ.*

Calceolaria, *Feuill.*

TRIBU 3. VERBASCÉES, *VERBASCEÆ..*

Verbascum, *Linn.*

Celsia, *Linn.*

Alonsoa, *R.* et *Pav.*

Angelonia, *Humb.* et *Bonpl.*

TRIBU 4. ANTIRRHINÉES, *ANTIRRHINEÆ*.

Nemesia, *Vent.*
Linaria, *Tourn.*
Anarrhinum, *Desf.*
Antirrhinum, *Juss.*
Maurandia, *Orteg.*
Lophospermum, *Don.*

TRIBU 5. CHELONÉES, *CHELONEÆ*.

Paulownia, *Siebb.* et *Zuccar.*
Halleria, *Linn.*
Scrophularia, *Linn.*
Collinsia, *Nutt.*
Chelone, *Linn.*
Penstemon, *L'Hérit.*
Tetranema, *Benth.*
Russelia, *Jacq.*
Freylinia, *Colla.*
Teedia, *Rudolph.*
Leucocarpus, *Don.*

TRIBU 6. GRATIOLÉES, *GRATIOLEÆ*.

Nycterinia, *Don.* (Zaluzianskia, *W. Schm.*)
Sphenandra, *Benth.*
Chænostoma, *Benth.*
Phyllopodium, *Benth.*
Lyperia, *Benth.*
Manulea, *Linn.*
Diplacus, *Nutt.*

Mimulus, *Linn.*

Mazus, *Lour.*

Dodartia, *Linn.*

Lindenbergia, *Link.* et *Otto.*

Stemodia, *Linn.*

Herpestis, *Gœrtn.*

Gratiola, *Linn.*

Torenia, *Linn.*

Vandellia, *Linn.*

Lindernia, *Allioni.*

TRIBU 7. SIBTHORPIÉES, *SIBTHORPIEÆ.*

Limosella, *Linn.*

Sibthorpia, *Linn.*

Capraria, *Linn.*

Scoparia, *Linn.*

TRIBU 8. BUDDLÉIÉES, *BUDDLEIEÆ.*

Chilianthus, *Burch.*

Buddleia, *Linn.*

TRIBU 9. DIGITALÉES, *DIGITALEÆ.*

Isoplexis, *Lindl.*

Digitalis, *Tournef,*

Erinus, *Linn.*

Wulfenia, *Jacq.*

TRIBU 10. VÉRONICÉES, *VERONICEÆ.*

Pæderota, *Linn.*

Veronica, *Linn.*

Leptandra, *Nutt.*

TRIBU 11. BUCHNÉRÉES, *BUCHNEREÆ*.

Buchnera, *Linn.*

TRIBU 12. GÉRARDIÉES, *GERARDIEÆ*.

Gerardia, *Linn.*

TRIBU 13. RHINANTHÉES, *RHINANTHEÆ*.

Castilleja, *Mutis.*
Bartsia, *Linn.*
Eufragia, *Griseb.*
Trixago, *Steven.*
Odontites, *Haller.*
Euphrasia, *Tournef.*
Rhinanthus, *Linn.*
Pedicularis, *Tournef.*
Melampyrum, *Tournef.*
Tozzia, *Linn.*

FAMILLE 93. OROBANCHÉES, *OROBANCHEÆ*. (32)

Phelipæa, *Tournef.*
Orobanche, *Linn.*
Lathræa, *Linn.*
Clandestina, *Tournef.*

FAMILLE 94. GESNÉRIACÉES, *GESNERIACEÆ*. (32)

TRIBU 1. GESNÉRIÉES, *GESNERIEÆ*.

Isoloma, *Benth.*
Corytholoma, *Benth.*
Reichsteneria, *Regel.*
Prasantha, *DeCand.* (Codonophora, *Lindl.*)

10*

Diastemma , *Benth.*

Tidæa , *Decaisn.*

Mandirola, *Decaisn.*

Gesneria , *Linn.*

Dircæa , *Decaisn.*

Gloxinia , *L'Hérit.*

Ligeria , *Decaisn.* (Gloxinia , *Hook.*)

Sinningia , *Mart.*

Niphœa , *Benth.*

Locheria , *Regel.*

Moussonia , *Regel.*

Houttea , *Lem.*

Trevirania , *Willd.*

Achimenes, *P. Brown.*

Eumolpe , *Decaisn.*

Nægelia , *Regel.*

Chorisanthera , *Decaisn.*

Kœllikeria , *Regel.*

Pentaraphia ; *Lindl.*

Chartrea , *Decaisn.*

Herincquia , *Decaisn.*

Rytidophyllum , *Mart.*

TRIBU 2. BESLÉRIÉES, *BESLERIEÆ.*

Mitraria , *Cavan.*

Hypocyrta , *Mart.*

Capanea , *Decaisn.*

Hemiloba , *Lindl.*

Collandra, *Lem.*
Alloplectus, *Mart.*
Columnea, *Plum.*
Chrysothemis, *Decaisn.*
Episcia, *Mart.*
Drymonia, *Mart.*
Nematanthus, *Schrad.*

ORDRE 2. Apérispermées, *Aperispermeœ.*

FAM. 95. CYRTANDRACÉES, *CYRTANDRACEÆ.* (32)

Æschinanthus, *Jack.*
Liebigia, *Endl.*
Agalmila, *Blume.*
Lysionotus, *Don.*
Chirita, *Hamilt.*
Streptocarpus, *Lindl.*

FAM. 96. UTRICULARINÉES, *UTRICULARINEÆ.* (32)

Utricularia, *Linn.*
Pinguicula, *Tournef.*

FAMILLE 97. BIGNONIACÉES, *BIGNONIACEÆ.* (32)

TRIBU 1. INCARVILLÉES, *INCARVILLEÆ.*

Incarvillea, *Juss.*
Amphicome, *Royl.*
Calampelis, *Don.*
Fridericia, *Mart.*
Tourretia, *Domb.*

TRIBU 2. BIGNONIÉES, *BIGNONIEÆ.*

Catalpa, *Juss.*
Tecoma, *Juss.*
Jacaranda, *Juss.*
Spathodea, *Pal. Beauv.*
Calosanthes, *Blume.*
Amphilophium, *Kunth.*
Bignonia, *Juss.*

TRIBU 3. CRESCENTIÉES, *CRESCENTIEÆ.*

Colea, *Boj.*
Crescentia, *Linn.*
Phyllarthron, *De Cand.*

TRIBU 4. SÉSAMÉES, *SESAMEÆ.*

Sesamum, *Linn.*

FAMILLE 98. PÉDALINÉES, *PEDALINEÆ.* (32)

Craniolaria, *Linn.*
Martynia, *Linn.*
Josephinia, *Vent.*

FAMILLE 99. ACANTHACÉES, *ACANTHACEÆ.* (33)

TRIBU 1. THUNBERGIÉES, *THUNBERGIEÆ.*

Mendoncia, *Velloz.* (Mendozia, *R. et Pav.*)
Thunbergia, *Linn.*
Hexacentris, *Nées.*

TRIBU 2. NELSONIÉES, *NELSONIEÆ.*

Elytraria, *Vahl.*

TRIBU 3. HYGROPHILÉES, *HYGROPHILEÆ.*

Hygrophila, *R. Br.*
Cryptophragmium, *Nées.*

TRIBU 4. RUELLIÉES, *RUELLIEÆ.*

Calophanes, *Don.*
Dipteracanthus, *Nées.*
Ruellia, *Linn.*
Asystasia, *Blume.*
Goldfussia, *Nées.*
Strobilanthes, *Blume.*
Cryphiacanthus, *Nées.*
Arrhostoxylum, *Mart.*
Whitefieldia, *Hook.*

TRIBU 5. BARLERIÉES, *BARLERIEÆ.*

Barleria, *Linn.*
Asteracantha, *Nées.*

TRIBU 6. ACANTHÉES, *ACANTHEÆ.*

Acanthus, *Tournef.*

TRIBU 7. APHÉLANDRÉES, *APHELANDREÆ.*

Crossandra, *Salisb.*
Geissomeria, *Lindl.*
Aphelandra, *R. Br.*
Porphyrocoma, *Hook.*

TRIBU 8. GENDARUSSÉES, *GENDARUSSEÆ.*

Schaueria, *Nées.*
Thyrsacanthus, *Nées.*

Graptophyllum, *Nées.*
Cyrtanthera, *Nées.*
Rhytiglossa, *Nées.*
Rostellularia, *Nées.*
Schwabea, *Endl.*
Adhatoda, *Nées.*
Gendarussa, *Rumph.*
Beloperone, *Nées.*

TRIBU 9. ÉRANTHÉMÉES, *ERANTHEMEÆ.*

Justicia, *Linn.*
Rhinacanthus, *Nées.*
Anisacanthus, *Nées.*
Eranthemum, *R. Br*
Anthacanthus, *Nées.*

TRIBU 10. DICLIPTÉRÉES, *DICLIPTEREÆ.*

Dicliptera, *Juss.*
Peristrophe, *Nées.*
Hypoestes, *Soland.*

CLASSE 25. SÉLAGINOIDÉES, *SELAGINOI-DEÆ.*

FAMILLE 100 ? JASMINÉES, *JASMINEÆ.* (33)

Jasminum, *Tournef.*
Nyctanthes, *Linn.*

FAM. 101. GLOBULARIÉES, *GLOBULARIEÆ.* (33)

Globularia, *Linn.*

FAMILLE 102. SÉLAGINÉES, *SELAGINEÆ.* (33)

Hebenstretia, *Linn.*

Selago, *Linn.*

FAMILLE 103. MYOPORINÉES, *MYOPORINEÆ.* (33)

Spartothamnus, *Cunn.*

Myoporum, *Banks et Sol.*

Stenochilus, *R. Br.*

Bontia, *Plum.*

CLASSE 26. VERBÉNINÉES, *VERBENINEÆ.*

FAMILLE 104. VERBÉNACÉES, *VERBENACEÆ.* (33)

TRIBU 1. VERBÉNÉES, *VERBENEÆ.*

Spielmannia, *Medik.*

Casselia, *Nées et Mart.*

Priva, *Adans.*

Verbena, *Linn.*

Stachytarpha, *Vahl.*

Lippia, *Linn.* (Zapania, *Juss.* Aloysia *Orteg.*)

Lantana, *Linn.*

Citharexylum, *Linn.*

Duranta, *Linn.*

Petrea, *Houst.*

TRIBU 2. VITICÉES, *VITICEÆ.*

Caryopteris, *Bunge.*

Tectona, *Linn.*

Premma, *Linn.*

Callicarpa, *Linn.*

Ægiphila, *Jacq.*

Volkameria, *Linn.*

Clerodendron, *Linn.*

Gmelina, *Linn.*

Cornutia, *Plum.*

Vitex, *Linn.*

FAMILLE 105. LABIÉES, *LABIATÆ*. (34-36)

TRIBU 1. AJUGOIDÉES, *AJUGOIDEÆ*.

Ajuga, *Linn.*

Teucrium, *Linn.*

Isanthus, *L. C. Rich.*

Amethystea, *Linn.*

TRIBU 2. PRASIÉES, *PRASIEÆ*.

Prasium, *Linn.*

TRIBU 3. PROSTANTHÉRÉES, *PROSTANTEREÆ*.

Westringia, *Smith.*

Prostanthera, *Labill.*

Chilodia, *R. Br.*

TRIBU 4. STACHYDÉES, *STACHYDEÆ*.

Molucella, *Linn.*

Eremostachys, *Bung.*

Phlomis, *Linn.*

Leonotis, *Pers.*

Leucas, *R. Br.*

Ballota, *Linn.*

Marrubium, *Linn.*

Sideritis, *Linn.*

Stachys, *Benth.*

Betonica, *Linn.*

Galeopsis, *Linn.*

Leonurus, *Linn.*

Wiedemannia, *Fisch. et Mey.*

Lamium, *Linn.*

Physostegia, *Benth.*

Melittis, *Linn.*

TRIBU 5. NÉPÉTÉES, *NEPETEÆ.*

Cedronella, *Moench.*

Lallemantia, *Fisch. et Mey.*

Dracocephalum, *Linn.*

Nepeta, *Benth.*

   (Nepeta et Glechoma, *Linn.*)

Lophanthus, *Benth.*

TRIBU 6. SCUTELLARIÉES, *SCUTELLARIEÆ.*

Perilomia, *H. B. et K.*

Scutellaria, *Linn.*

Cleonia, *Linn.*

Prunella, *Linn.*

TRIBU 7. SATURÉIÉES, *SATUREIEÆ.*

Hedeoma, *Pers.*

Melissa, *Tournef.*

Thymbra, *Linn.*

Gardoquia, *R. et Pav.*

Calamintha, *Benth.*
    (Melissæ spec. et Clinopodium, *Linn.*)

Micromeria, *Benth.*

Satureia, *Linn.*

Thymus, *Linn.*

Origanum, *Linn.*

Pychnanthemum, *L. C. Rich.*

Bystropogon, *L'Hér.*

Cunila, *Linn.*

Hyssopus, *Linn.*

Collinsonia, *Linn.*

Sphacele, *Benth.* (Phytoxis, *Molina.*)

Lepechinia, *Willd.*

Horminum. *Linn.*

TRIBU 8. MENTHOIDÉES, *MENTHOIDEÆ.*

Lycopus, *Linn.*

Mentha, *Linn.*

Preslia, *Opitz.*

Perilla, *Linn.*

Elsholtzia, *Willd.*

Dysophylla, *Blume.*

Pogostemon, *Desfont.*

TRIBU 9. MONARDÉES, *MONARDEÆ.*

Ziziphora, *Linn.*

Blephilia, *Raf.*

Monarda, *Linn.*
Rosmarinus, *Linn.*
Salvia, *Linn.*

тrıbu 10. OCIMOIDÉES, *OCIMOIDEÆ.*

Lavandula, *Linn.*
Hyptis, *Jacq.*
Marsypianthes, *Mart.*
Anisochilus, *Wall.*
Æolanthus, *Mart.*
Coleus, *Lour.*
Plectranthus, *L'Hérit.*
Moschosma, *Reichenb.*
Ocimum, *Linn.*

FAMILLE 106. STILBINÉES, *STILBINEÆ.* (36)

Stilbe, *Berg.*

FAM. 107. PLANTAGINÉES, *PLANTAGINEÆ.* (36)

Plantago, *Linn.*
Littorella, *Linn.*

CLASSE 27. PRIMULINÉES, *PRIMULINEÆ.*

FAMILLE 108. PRIMULACÉES, *PRIMULACEÆ.* (37)

тrıbu 1. PRIMULÉES, *PRIMULEÆ.*

Douglasia, *Lindl.*
Androsace, *Tournef.*
Primula, *Linn.*
Cortusa, *Linn.*

Cyclamen, *Tournef.*

Dodecatheon, *Linn.*

Soldanella, *Tournef.*

Glaux, *Tournef.*

Asterolinion, *Link.*

Naumburgia, *Mœnch.*

Lysimachia, *Linn.*

Coxia, *Endl.*

Lubinia, *Commers.*

Trientalis, *Linn.*

Coris, *Tournef.*

Anagallis, *Linn.*

Centunculus, *Linn.*

Hottonia, *Linn.*

TRIBU 2. SAMOLÉES, *SAMOLEÆ.*

Samolus, *Tournef.*

FAMILLE 109. MYRSINÉES, *MYRSINEÆ.* (37)

TRIBU 1. MÆSAÉES, *MÆSAEÆ.*

Maesa, *Forsk.* (Bæobotrys, *Forst.*)

TRIBU 2. ARDISIÉES, *ARDISIEÆ.*

Myrsine, *Linn.*

Embelia, *Juss.*

Badula, *Alp. De Cand.*

Ardisia, *Swartz.*

Oncostemon, *Adr. Juss.*

(37)

FAM. 110. THÉOPHRASTÉES, *THEOPHRASTEÆ*.

Theophrasta, *Juss.*
Clavija, *R. et Pav.*
Jacquinia, *Linn.*
?´Corynocarpus, *Forst.*

FAMILLE 111. ÆGICÉRÉES, *ÆGICEREÆ*.

FAM. 112. PLUMBAGINÉES, *PLUMBAGINEÆ*. (37)

Armeria, *Willd.*
Statice, *Willd.*
Plumbago, *Tournef.*

CLASSE 28. ÉRICOIDÉES, *ERICOIDEÆ*.

FAMILLE 113. ÉPACRIDÉES, *EPACRIDEÆ*. (38)

TRIBU 1. STYPHÉLIÉES, *STYPHELIEÆ*.

Trochocarpa, *R. Br.*
Monotoca, *R. Br.*
Leucopogon, *R. Br.*
Lissanthe, *R. Br.*
Astroloma, *R. Br.*
Stenanthera, *R. Br.*
Styphelia, *Smith.*

TRIBU 2. ÉPACRÉES, *EPACREÆ*.

Epacris, *Smith.*
Lysinema, *R. Br.*

11*

Sprengelia, *Smith.*

Dracophyllum, *Labill.*

FAMILLE 114. ÉRICACÉES, *ERICACEÆ.* (38)

TRIBU 1. ÉRICÉES, *ERICEÆ.*

Blæria, *Linn.*

Calluna, *Salisb.*

Erica, *Linn.*

Menziezia, *Smith.*

Andromeda, *Linn.*

Lyonia, *Nutt.*

Clethra, *Linn.*

Epigæa, *Linn.*

Gaultheria, *Linn.*

Pernettia, *Gaudich.*

Arbutus, *Tournef.*

Enkyanthus, *Lour.*

Arctostaphylos, *Adans.*

Comarostaphylis, *Zuccar.*

TRIBU 2. VACCINIÉES, *VACCINIEÆ.*

Gaylussacia, *H. B.* et *K.*

Vaccinium, *Linn.*

Oxycoccos, *Pers.*

Thibaudia, *Pav.*

Cerastostemma, *Juss.*

Macleania, *Hook.*

TRIBU 3. RHODODENDRÉES, *RHODODENDREÆ.*

Loiseleuria, *Desv.*

Azalea, *Linn.*

Rhodora, *Duham.*

Rhododendrum, *Linn.*

Kalmia, *Linn.*

Leiophyllum, *Pers.*

Ledum, *Linn.*

Bejaria, *Mutis.*

FAMILLE 115. PYROLÉACÉES, *PYROLEACEÆ.* (38)

Pyrola, *Tournef.*

Galax, *Linn.*

FAM. 116. MONOTROPÉES, *MONOTROPEÆ.* (38)

Monotropa, *Linn.*

FAMILLE 117? BRÉXIACÉES, *BREXIACEÆ.* (39)

Brexia, *P. Thouars.*

CLASSE 29. DIOSPYROIDÉES, *DIOSPYROI-DEÆ.*

FAMILLE 118. ÉBÉNACÉES, *EBENACEÆ.* (39)

Diospyros, *Linn.*

Royena, *Linn.*

FAMILLE 119. OLÉINÉES, *OLEINEÆ.* (39)

TRIBU 1. FRAXINÉES, *FRAXINEÆ.*

Fraxinus, *Tournef.*

Ornus, *Pers.*

TRIB. 2. SYRINGÉES, *SYRINGEÆ.*

Fontanesia, *Labill.*
Syringa, *Linn.*
Forsythia, *Vahl.*

TRIB. 3. OLÉÉES, *OLEÆ.*

Chionanthus, *Linn.*
Notelæa, *Vent.*
Noronhia, *Stadtm.*
Olea, *Tournef.*
Phyllirea, *Tournef.*
Ligustrum, *Tournef.*

FAMILLE 120. ILICINÉES, *ILICINEÆ.* (40)

Cassine, *Linn.*
Ilex, *Linn.*
Prinos, *Linn.*
Nemopanthes, *Raf.*
Schœfferia, *Jacq.*
Villaresia, *R.* et *Pav.*
? Cyrilla, *Linn.*

FAMILLE 121. EMPÉTRÉES, *EMPETREÆ.* (40)

Empetrum, *Tournef.*

FAMILLE 122. SAPOTÉES, *SAPOTEÆ.* (40)

Chrysophyllum, *Linn.*
Sideroxylon, *Linn.*
Bumelia, *Swartz.*

Argania, *Schousb.*
Achras, *P. Br.*
Mimusops, *Linn.*
Imbricaria, *Commers.*

FAMILLE 123. STYRACÉES, *STYRACEÆ.* (40)

Styrax, *Tournef.*
Halesia, *Ellis.*
Symplocos, *Linn.*

FAM. 123*. NAPOLÉONÉES, *NAPOLEONEÆ.* (40)

Napoleona, *Pal. Beauv.*

2e SÉRIE DIALYPÉTALES. *DIALYPETALEÆ.*

§ 1. Hypogynes, *Hypogynæ.*

CLASSE 30. GUTTIFÈRES, *GUTTIFERÆ.*

FAMILLE 124. CLUSIACÉES, *CLUSIACEÆ.* (41)

Calophyllum, *Linn.*
Xanthochymus, *Roxb.*
Mammea, *Linn.*
Clusia, *Linn.*
Monorobea, *Aubl.*
Arruda, *A. Saint-Hil.*
Canella, *P. Br.* (Winterania, *Linn.*)

FAMILLE 125. MARCGRAVIACÉES, *MARCGRAVIA-CEÆ.*

FAM. 126. HYPÉRICINÉES, *HYPERICINEÆ.* (41)

Ascyrum, *Linn.*
Hypericum, *Linn.*
Elodea, *Adans.*
Vismia, *Velloz.*
Ancistrolobus, *Spach.*

FAM. 127. RÉAUMURIACÉES, *REAUMURIACEÆ.* (41)

Reaumuria, *Hasselq.*

FAM. 128? TAMARISCINÉES, *TAMARISCINEÆ.* (41)

Tamarix, *Linn.*
Myricaria, *Desv.*

FAMILLE 129. CISTINÉES, *CISTINEÆ.* (41)

Fumana, *Spach.*
Helianthemum, *Tournef.*
Cistus, *Tournef.*
Tæniostema, *Spach.*
Lechea, *Linn.*

FAMILLE 130. BIXINÉES, *BIXINEÆ.* (41)

Kigellaria, *Linn.*
Flacourtia, *Commers.*
Roumea, *Poit.*

Carpotroche, *Endl.*

Bixa, *Linn.*

Trichospermum, *Blume.*

Oncoba, *Forsk.*

Ludia, *Lam.*

Prockia, *Linn.*

FAMILLE 131. TERNSTRŒMIACÉES, *TERNSTROE-MIAECÆ.* (41)

Cochlospermum, *Kunth.* (Vittelsbachia, *Mart.* et *Zucc.*)

Visnea, *Linn. F.*

Ternstrœmia, *Mutis.*

Eurya, *Thunb.*

Cleyera, *Thunb.*

Saurauja, *Willd.* (Palava, *R.* et *Pav.*)

Laplacea, *H. B.* et *K.*

Kielmeyera, *Mart.* et *Zucc.*

Thea, *Linn.*

Camellia, *Linn.*

Gordonia, *Ellis.*

Stuartia, *Catesb.* (Stewartia, *Cav.*)

FAMILLE 132. CHLÆNACÉES, *CHLÆNACEÆ.*

FAM. 133. DIPTÉROCARPÉES, *DIPTEROCARPEÆ.*

CLASSE 31. MALVOIDÉES, *MALVOIDEÆ.*

FAMILLE 134. TILIACÉES, *TILIACEÆ.* (41)

Berrya, *Roxb.*

Grewia, *Juss.*

Tilia, *Linn.*

Sparmannia, *Thunb.*

Entelea, *R. Br.*

Heliocarpus, *Linn.*

Luhea, *Willd.*

Apeiba, *Aubl.*

Triumfetta, *Plum.*

Corchorus, *Linn.*

Ablania, *Aubl.* (Trichocarpus, *Schreb.*)

FAMILLE 135. MALVACÉES, *MALVACEÆ.* (42)

TRIB. 1. MALOPÉÉES, *MALOPEÆ.*

Palava, *Cav.*

Malope, *Linn.*

Kitaibelia, *Willd.*

TRIB. 2. MALVÉES, *MALVEÆ.*

Lavatera, *Linn.*

Althæa, *Cav.*

Malva, *Linn.*

Sphæralcea, *St-Hil.*

Modiola, *Mœnch.*

Urena, *Linn.*

Gœthea, *Nees et Mart.*

Lopimia, *Nees et Mart.*

Pavonia, *Cavan.*

Lebretonnia, *Schrank.*

TRIB. 3. HIBISCÉES, *HIBISCEÆ*.

Kosteletskya, *Presl.*

Hibiscus, *Linn.*

Malvaviscus, *Dill.*

Fugosia, *Juss.* (Redoutea, *Vent.*)

Abelmoschus, *Med.*

Lagunaria, *Don.*

Paritium, *Ad. Juss.*

Thespesia, *Correa.*

Gossypium, *Linn.*

TRIB. 4. SIDÉES, *SIDEÆ*.

Lagunea, *Cav.* (Solandra, *Murr.*)

Wissadula, *Medik.*

Abutilon, *Gærtn.*

Bastardia, *Kunth.*

Malachra, *Linn.*

Gaya, *Kunth.*

Sida, *Kunth.*

Periptera, *De Cand.*

Cristaria, *Cavan.*

Anoda, *Cavan.*

FAM. 136. STERCULIACÉES, *STERCULIACEÆ*. (43)

TRIB. 1. BOMBACÉES, *BOMBACEÆ*.

Adansonia, *Linn.*

Pachira, *Aubl.* (Carolinea, *Linn. F.*)

Chorisia, *Kunth.*

12

Bombax, *Linn.*

Ochroma, *Swartz.*

Cheirostemon, *H.* et *Bonpl.*

TRIB. 2. HÉLICTÉRÉES, *HELICTEREÆ.*

Plagianthus, *Forst.*

Hoheria, *A. Cunningh.*

Matisia, *H.* et *Bonpl.*

Helicteres, *Linn.*

TRIB. 3. STERCULIÉES, *STERCULIEÆ.*

Heritiera, *Ait.*

Sterculia, *Linn.*

(43)

FAM. 137. BUTTNÉRIACÉES, *BUTTNERIACEÆ*

TRIB. 1. DOMBEYACÉES, *DOMBEYACEÆ.*

Pterospermum, *Schreb.*

Astrapæa, *Lindl.*

Melhania, *Forsk.*

Dombeya, *Cavan.*

Brotera, *Cavan.*

Pentapetes, *Linn.*

Ruizia, *Cavan.*

TRIB. 2. HERMANNIÉES, *HERMANNIEÆ.*

Mahernia, *Linn.*

Hermannia, *Linn.*

Riedleia, *Vent.*

Melochia, *Linn.*

Waltheria, *Linn.*

ᴛʀɪʙ. 3. BUTTNÉRIÉES, *BUTTNERIEÆ*.

Guazuma, *Plum.*
Theobroma, *Linn.*
Ayenia, *Linn.*
Buttneria, *Loeff.*
Abroma, *Jacq.*
Commersonia, *Forst.*
Rulingia, *R. Br.*
Kleinhowia, *Linn.*

ᴛʀɪʙ. 4. LASIOPÉTALÉES, *LASIOPETALEÆ*.

Lasiopetalum, *Smith.*
Thomasia, *Gay.*
Seringia, *Gay.*

ᴛʀɪʙ. 5. PHILIPPODENDRÉES, *PHILIPPODENDREÆ*.

Philippodendron, *Poit.*

CLASSE 32. CROTONINÉES, *CROTONINEÆ*.

ꜰᴀᴍɪʟʟᴇ 138. ANTIDESMÉES, *ANTIDESMEÆ*. (43)

Antidesma, *Linn.* (Stilago, *Linn.*)

ꜰᴀᴍ. 139. FORESTIÉRÉES, *FORESTIEREÆ*. (43)

Forestiera, *Poir.* (Borya, *Willd.*)

ꜰᴀᴍ. 140. EUPHORBIACÉES, *EUPHORBIACEÆ*. (43)

ᴛʀɪʙ. 1. EUPHORBIÉES, *EUPHORBIEÆ*.

Pedilanthus, *Neck.*
Euphorbia, *Linn.*

Poinsettia, *Grah.*
Dalechampia, *Plum.*

TRIB. 2. HIPPOMANÉES, *HIPPOMANEÆ.*

Colliguaja, *Molin.*
Hura, *Linn.*
Hippomane, *Linn.*
Stillingia, *Linn. F.*
Sapium, *Jacq.*
Microstachys, *Ad. Juss.*
(Cnemidostachys, *Mart.*)

TRIB. 3. ACALYPHÉES, *ACALYPHEÆ.*

Tragia, *Plum.*
Mercurialis, *Linn.*
Acalypha, *Linn.*
Omphalea, *Linn.*

TRIB. 4. CROTONÉES, *CROTONEÆ.*

Anda, *Pison.*
Aleurites, *Forst.*
Jatropha, *Linn.*
Curcas, *Adans.; Juss.*
Manihot, *Plum.*
Ricinus, *Tournef.*
Gelonium, *Roxb.*
Codiæum, *Rumph.*
Mozina, *Orteg.* (Loureira, *Cavan.*)
Rottlera, *Roxb.*

Acidoton, *Swartz.*
Adelia, *Linn.*
Croton, *Linn.*
Crozophora, *Neck.*
Chiropetalum, *Ad. Juss.*

ᴛʀɪʙ. 5. PHYLLANTHÉES, *PHILLANTHEÆ.*

Cluytia, *Ait.*
Andrachne, *Linn.*
Agyneia, *Linn.*
Micranthea, *Desf.*
Phyllanthus, *Swartz.*
Xylophylla, *Linn.*
Kirganelia, *Juss.*
Colmeiroa, *Reut.*
Glochidion, *Forst.* (Bradleia, *Banks.*)

ᴛʀɪʙ. 6. BUXÉES, *BUXEÆ.*

Fluggea, *Willd.*
Securinega, *Commers.*
Geblera, *Fisch.*
Buxus, *Tournef.*
Sarcococca, *Linld.*
Pachysandra, *Mich.*

ᴄʟ. 33. POLYGALINÉES, *POLYGALINEÆ.*

ꜰᴀᴍ. 141. TRÉMANDRÉES, *TREMANDREÆ.* (45)

Tetratheca, *Smith.*
Tremandra, *R. Br.*

FAMILLE 142. POLYGALÉES, *POLYGALEÆ*. (45)

Polygala, *Linn.*
Muraltia, *Neck.*
Securidaca, *Linn.*

CL. 34. GÉRANIOIDÉES, *GERANIOIDEÆ*.

FAMILLE 143. BALSAMINÉES, *BALSAMINEÆ*. (45)

Impatiens, *Linn.*

FAMILLE 144. TROPÆOLÉES, *TROPÆOLEÆ*.

Tropæolum, *Linn.*
Chymocarpus, *Don.*

FAMILLE 145. GÉRANIACÉES, *GERANIACEÆ*. (45)

Pelargonium, *L'Hérit.*
Erodium, *L'Hérit.*
Geranium, *L'Hérit.*
Monsonia, *Linn.*

FAM. 146? LIMNANTHÉES, *LIMNANTHEÆ*. (46)

Limnanthes, *R. Br.*

FAMILLE 147? CORIARIÉES, *CORIARIEÆ*. (46)

Coriaria, *Nissol.*

FAMILLE 148. LINÉES, *LINEÆ*. (46)

Linum, *Linn.*
Radiola, *Dillen.*

FAMILLE 149. OXALIDÉES, *OXALIDEÆ*. (46)

> Oxalis, *Linn.*
> Averrhoa, *Linn.*

FAM. 150. ZYGOPHYLLÉES, *ZYGOPHYLLEÆ*. (46)

> Tribulus, *Tournef.*
> Fagonia, *Tournef.*
> Zygophyllum, *Linn.*
> Larrea, *Cavan.*
> Porlieria, *R. et Pav.*
> Gayacum, *Plum.*
> Melianthus, *Tournef.*
> Peganum, *Linn.*

CLASSE 35. TÉRÉBENTHINÉES, *TEREBINTHINEÆ.*

FAMILLE 151. RUTACÉES, *RUTACEÆ*. (46)

> Ruta, *Tournef.*
> Bœnninghausenia, *Reich.*

FAMILLE 152. DIOSMÉES, *DIOSMEÆ*. (46, 47)

> Dictamnus, *Linn.*
> Barosma, *Willd.*
> Agathosma, *Willd.*
> Acmadenia, *Bartl.*
> Diosma, *Berg.*
> Coleonema, *Bartl.*

Adenandra, *Willd.*

Calodendron, *Thunb.*

Correa, *Smith.*

Diploloena, *R. Br.*

Crowea, *Smith.*

Eriostemon, *Smith.*

Boronia, *Smith.*

Zieria, *Smith.*

Metrodorea, *A. St.-Hil.*

Galipea, *A. St.-Hil.* (Conchocarpus,
Mik.)

Erythrochiton, *N. et Mart.*

Lemonia, *Lindl.*

? Cneorum, *Linn.*

FAMILLE 153. OCHNACÉES, *OCHNACEÆ*. (47)

Ochna, *Schreb.*

Gomphia, *Schreb.*

FAMILLE 154. SIMARUBÉES, *SIMARUBEÆ*. (47)

Quassia, *Linn.*

FAM. 155. ZANTHOXYLÉES, *ZANTHOXYLEÆ*. (47)

Brucea, *Mill.*

Zanthoxylon, *Linn.*

Toddalia, *Juss.*

Vepris, *Commers.*

Ptelea, *Linn.*

Spathelia, *Linn.*

Ailanthus, *Desf.*

? Bischofia, *Blume.*

FAM. 156. ANACARDIACÉES, *ANACARDIACEÆ.* (47)

TRIB. 1. PISTACIÉES, *PISTACIEÆ.*

Pistacia, *Linn.*

Sorindeia, *P. Thouars.*

Comocladia, *P. Br.*

Schinus, *Linn.*

Duvaua, *Kunth.*

Lithræa, *Miers.*

Rhus, *Linn.*

Botryceras, *Willd.*
    (Laurophyllus, *Thunb.*)

Mangifera, *Linn.*

Anacardium, *Rottb.*

TRIB. 2. SPONDIACÉES, *SPONDIACEÆ.*

Spondias, *Linn.*

FAMILLE 157. CONNARACÉES, *CONNARACEÆ.*

FAMILLE 158. BURSÉRACÉES, *BURSERACEÆ.* (47)

TRIB. 1. BURSÉRÉES, *BURSEREÆ.*

Bursera, *Jacq.*

Garuga, *Roxb.*

TRIB. 2. AMYRIDÉES, *AMYRIDEÆ.*

Amyris, *Linn.*

CLASSE 36. HESPÉRIDÉES, *HESPERIDEÆ*.

FAM. 159. AURANTIACÉES, *AURANTIACEÆ*. (47)

Atalantia, *Corr.*
Triphasia, *Lour.*
Limonia, *Linn.*
Glycosmis, *Corr.*
Bergera, *Kœn.*
Murraya, *Kœn.*
Cookia, *Sonn.*
Feronia, *Corr.*
Ægle, *Corr.*
Citrus, *Linn.*

FAMILLE 160. CÉDRÉLÉES, *CEDRELEÆ*. (47)

Swietenia, *Linn.*
Cedrela, *Linn.*

FAMILLE 161. MÉLIACÉES, *MELIACEÆ*. (48)

Quivisia, *Commers.*
Melia, *Linn.*
Azadirachta, *Ad. Juss.*
Aglaia, *Lour.*
Hartighsea, *Ad. Juss.*
Ekebergia, *Sparm.*
Trichilia, *Linn.*
Guarea, *Linn.*
Carapa, *Aubl.*
? Aitonia, *Linn. F.*

FAMILLE 162. XIMÉNIÉES, *XIMENIEÆ*. (48)

Ximenia, *Plum.*
Balanites, *Linn.*

FAM. 163. NITRARIACÉES, *NITRARIACEÆ*. (48)

Nitraria , *Linn.*

(48)
FAM. 164. ÉRYTHROXYLÉES, *ERYTHROXYLEÆ*.

Erythroxylum, *Linn.*

CLASSE 37. ÆSCULINÉES, *ÆSCULINEÆ*

FAM. 165. MALPIGHIACÉES, *MALPIGHIACEÆ*. (48

Byrsonima, *L. C. Rich.*
Galphimia , *Cavan.*
Bunchosia, *L. C. Rich.*
Malpighia, *Linn.*
Stigmaphyllon, *Ad. Juss.*
Banisteria, *Linn.*
Heteropterys, *H. B.* et *K.*
Hiptage , *Gœrtn.*
Hiræa , *Jacq.*
Schwannia, *Endl.* (Fimbriaria, *Ad. Juss.*)

FAMILLE 166. ACÉRINÉES, *ACERINEÆ*. (48)

Acer, *Linn.*
Negundo , *Mœnch.*

(49)

FAM. 167. HIPPOCASTANÉES, *HIPPOCASTANEÆ.*

Æsculus, *Linn.*
Pavia, *De Cand.*

FAMILLE 168? RHIZOBOLÉES, *RHIZOBOLEÆ.* (49)

Caryocar, *Linn.* (Pekea et Souari, *Aubl.*).

FAMILLE 169. SAPINDACÉES, *SAPINDACEÆ.* (49)

Dononæa, *Linn.*
Alectryon, *Gærtn.*
Amirola, *Pers.* (Llagunoa, *R.* et *Pav.*)
Kœlreuteria, *Laxm.*
Talisia, *Aubl.*
Euphoria, *Commers.*
Cupania, *Plum.* (Stadmannia, *Lamk.*)
Sapindus, *Linn.*
Schmidelia, *Linn.*
Paullinia, *Linn.*
Serjania, *Plum.*
Urvillea, *H. B.* et *K.*
Cardiospermum, *Linn.*

* *TRIGONIÉES.*

Trigonia, *Aubl.*

FAMILLE 170? VOCHYSIÉES, *VOCHYSIEÆ.*

CLASSE 38. CÉLASTROIDÉES, *CELASTROI-DEÆ.*

FAMILLE 171. VINIFÈRES, *VINIFERÆ.* (49)

Cissus, *Linn.*
Ampelopsis, *Mich.*
Vitis, *Linn.*
Leea, *Linn.*

FAM. 172. HIPPOCRATÉACÉES, *HIPPOCRATEA-CEÆ.* (49)

Hippocratea, *Linn.*
Lacepedea, *H. B.* et *K.*

FAM. 173. CÉLASTRINÉES, *CELASTRINEÆ.* (49)

Evonymus, *Tourn.*
Celastrus, *Linn.*
Putterlickia, *Endl.*
Catha, *Forsk.*
Maytenus, *Feuill.*
Hartogia, *Thunb.*
Elæodendron, *Jacq.*

FAM. 174. STAPHYLÉACÉES, *STAPHYLEACEÆ.* (50)

Staphylea, *Linn.*

FAM. 175. PITTOSPORÉES, *PITTOSPOREÆ.* (50)

Bursaria, *Cavan.*
Pittosporum, *Soland.*

13

Sollya , *Lindl.*

Billardiera, *Smith.*

CLASSE 39. VIOLINÉES , *VIOLINEÆ.*

FAM. 176. SAUVAGÉSIÉES, *SAUVAGESIEÆ.* (50)

Luxemburgia, *A. S.-Hil.*

FAMILLE 177. VIOLACÉES, *VIOLACEÆ.* (50)

Viola, *Linn.*

Jonidium , *Vent.*

Schweiggeria, *Spreng.* (Glossarhen , *Mart.*)

Alsodeia , *P. Thouars.*

FAMILLE 178. DROSÉRACÉES, *DROSERACEÆ.* (50)

Drosera , *Linn.*

Dionæa, *Ellis.*

Parnassia, *Tournef.*

FAM. 179. FRANKÉNIACÉES, *FRANKENIACEÆ.* (50)

Frankenia , *Linn.*

CLASSE 40. CRUCIFÉRINÉES, *CRUCIFERI-NEÆ.*

FAMILLE 180. RÉSÉDACÉES, *RESEDACEÆ.* (50)

Astrocarpus, *Neck.*

Caylusea, *A. S.-Hil.*

eseda, *Linn.*

Oligomeris, *Camb.*

FAMILLE 181. CAPPARIDÉES, *CAPPARIDEÆ.* (50)

TRIB. 1. CAPPARÉES, *CAPPAREÆ.*

Capparis, *Linn.*

Ritcheia, *R. Br.*

Cratæva, *Linn.*

Steriphoma, *Spreng.*

TRIB. 2. CLÉOMÉES, *CLEOMEÆ.*

Polanisia, *Raf.*

Dactylæna, *Schrad.*

Cleome, *Linn.*

Gynandropsis, *De Cand.*

FAMILLE 182. CRUCIFÈRES. *CRUCIFERÆ.* (51-54)

TRIB. 1. ARABIDÉES, *ARABIDEÆ.*

Mathiola, *R. Br.*

Cheiranthus, *R. Br.*

Nasturtium, *R. Br.*

Barbarea, *R. Br.*

Notoceras, *R. Br.*

Turritis, *Dillen.*

Arabis, *Linn.*

Cardamine, *Linn.*

Pteronevron, *De Cand.*

Dentaria, *Tournef.*

TRIB. 2. ALYSSINÉES, *ALYSSINEÆ*.

Lunaria, *Linn.*
Ricotia, *Linn.*
Farsetia, *Torr.*
Berteroa, *De Cand.*
Aubrietia, *Adans.*
Vesicaria, *Lamk.*
Schiwereckia, *Andrz.*
Alyssum, *Linn.*
Meniocus, *Desv.*
Clypeola, *Linn.*
Peltaria, *Linn.*
Petrocallis, *R. Br.*
Draba, *Linn.*
Erophila, *De Cand.*
Cochlearia, *Linn.*

TRIB. 3. THLASPIDÉES, *THLASPIDEÆ*.

Thlaspi, *Dill.*
Teesdalia, *R. Br.*
Iberis, *Linn.*
Biscutella, *Linn.*

TRIB. 4. EUCLIDIÉES, *EUCLIDIEÆ*.

Euclidium, *R. Br.*
Ochthodium, *De Cand.*

TRIB. 5. ANASTATICÉES, *ANASTATICEÆ*.

Anastatica, *Gærtn.*

TRIB. 6. CAKILINÉES, *CAKILINEÆ.*

Cakile, *Tournef.*
Chorispora, *De Cand.*
Cordylocarpus, *Desf.*

TRIB. 7. SISYMBRIÉES, *SISYMBRIEÆ.*

Malcolmia, *R. Br.*
Hesperis, *Linn.*
Pachypodium, *Webb.*
Sisymbrium, *Linn.*
Leptocarpæa, *De Cand.*
Alliara, *De Cand.*
Erysimum, *Linn.*
Braya, *Sternb.*

TRIB. 8. CAMÉLINÉES, *CAMELINEÆ.*

Camelina, *Crantz.*
Tetrapoma, *Turcz.*

TRIB. 9. LÉPIDINÉES, *LEPIDINEÆ.*

Capsella, *Vent.*
Hutchinsia, *R. Br.*
Lepidium, *R. Br.*
Physolepidium, *Schrenk.*
Hymenophysa, *C. A. Mey.*
Ethionema, *R. Br.*

TRIB. 10. ISATIDÉES, *ISATIDEÆ.*

Myagrum, *Tournef.*
Neslia, *Desv.*

13*

Otocarpus, *Durieu.*
Tauscheria, *Fisch.*
Isatis , *Linn.*

TRIB. 11. ANCHONIÉES , *ANCHONIEÆ.*

Goldbachia, *De Cand.*

TRIB. 12. BRASSICÉES , *BRASSICEÆ.*

Brassica , *Linn.*
Sinapis, *Tournef.*
Erucastrum, *Presl.*
Moricandia , *De Cand.*
Diplotaxis , *De Cand.*
Eruca, *Tournef.*

TRIB. 13. VELLÉES , *VELLEÆ.*

Vella , *De Cand.*
Carrichtera , *De Cand.*
Succowia, *Medik.*

TRIB. 14. PSYCHINÉES , *PSYCHINEÆ.*

Psychine , *Desf.*
Schouwia , *De Cand.*

TRIB. 15. ZILLÉES , *ZILLEÆ.*

Zilla, *Forsk.*
Calepina, *Adans.*

TRIB. 16. RAPHANÉES , *RAPHANEÆ.*

Crambe, *Tournef.*
Rapistrum, *Boerh.*

Enarthrocarpus, *Labill*.

Raphanus, *Tournef*.

тrib. 17. BUNIADÉES, *BUNIADEÆ*.

Bunias, *Linn*.

тrib. 18. ÉRUCARIÉES, *ERUCARIEÆ*.

Erucaria, *Gærtn*.

тrib. 19. SÉNÉBIÉRÉES, *SENEBIEREÆ*.

Senebiera, *Poir*.

тrib. 20. HÉLIOPHILÉES, *HELIOPHILEÆ*.

Heliophila, *Linn*.

тrib. 21. SCHIZOPÉTALÉES, *SCHISOPETALEÆ*.

Schizopetalon, *Hook*.

cl. 41. PAPAVÉRINÉES, *PAPAVERINEÆ*.

FAMILLE 183. FUMARIACÉES, *FUMARIACEÆ*. (54)

Fumaria, *De Cand*.

Cysticapnos, *De Cand*.

Sarcocapnos, *De Cand*.

Corydalis, *De Cand*.

Ceratocapnos, *Durieu*,

Phacocapnos, *Bernh*.

Adlumia, *De Cand*.

Dielytra, *De Cand*. (Dicentra, *Endl*,)

Hypecoum, *Tournef*.

FAM. 184. PAPAVÉRACÉES, *PAPAVERACEÆ*. (54)

Platystemon, *Benth.*
Platystigma, *Benth.*
Hunnemannia, *Sweet.*
Escholtzia, *Cham.* (Chryseis, *Lindl.*)
Chelidonium, *Tournef.*
Glaucium, *Tournef.*
Roemeria, *Medik.*
Papaver, *Tournef.*
Meconopsis, *Vig.*
Argemone, *Tournef.*
Sanguinaria, *Linn.*
Macleya, *R. Br.*
Bocconia, *Plum.*

CLASSE 42. BERBÉRINÉES, *BERBERINEÆ*.

FAMILLE 185. BERBÉRIDÉES, *BERBERIDEÆ*. (54)

Berberis, *Linn.*
Mahonia, *Nutt.*
Nandina, *Thunb.*
Bongardia, *C. A. Mey.*
Leontice, *Linn.*
Aceranthus, *Decaisne et Morr.*
Epimedium, *Linn.*
Diphylleia, *L. Rich.*
Jeffersonia, *Bart.*
Podophyllum, *Linn.*

FAM. 186. LARDIZABALÉES, *LARDIZABALEÆ.*

FAM, 187. MÉNISPERMÉES, *MENISPERMEÆ.* (55)

Menispermum, *Tournef.*
Cocculus, *De Cand.*
Cissampelos, *Linn.*
Abuta, *Aubl.*

CLASSE 43. MAGNOLINÉES, *MAGNOLINEÆ.*

FAM. 188. SCHIZANDRÉES, *SCHIZANDREÆ.* (55)

Kadsura, *Juss.*
Sphærostemma, *Blum.*
Schizandra, *L. C. Rich.*
Mayna, *Aubl.*

FAMILLE 189. MYRISTICÉES, *MYRISTICEÆ.* (55)

Myristica, *Linn.*

FAMILLE 190. ANONACÉES, *ANONACEÆ.* (55)

Artabotrys, *R. Br.*
Saccopetalum, *Benn.*
Unona, *Dun.*
Asimina, *Adans.*
Anona, *Adans.*
Monodora, *Dun.*

FAM. 191. MAGNOLIACÉES, *MAGNOLIACEÆ*. (55)

TRIB. 1. MAGNOLIÉES, *MAGNOLIEÆ*.

Magnolia, *Linn.*
Talauma, *Juss.*
Michelia, *Linn.*
Liriodendron, *Linn.*

TRIB. 2. ILLICIÉES, *ILLICIEÆ*.

Illicium, *Linn.*
Drymis, *Forst.*
Tasmannia, *R. Br.*

CLASSE 44. RENONCULINÉES, *RANUNCU·LINEÆ*.

FAMILLE 192. DILLÉNIACÉES, *DILLENIACEÆ*. (56)

Dillenia, *Linn.*
Hibbertia, *Andrews.*
Candollea, *Labill.*
Tetracera, *Linn.*
Curatella, *Linn.*

(56)

FAM. 193. RENONCULACÉES. *RANUNCULACEÆ*.

TRIB. 1. CLEMATIDÉES, *CLEMATIDEÆ*.

Clematis, *Linn.*
Atragene, *De Cand.*

TRIB. 2. ANÉMONÉES, *ANEMONEÆ*.

Thalictrum, *Tournef.*

Anemone, *Hall.*

Hepatica, *Dill.*

Knowltonia, *Salisb.; De Cand.*
   (Anamenia, *Vent.*)

Adonis, *Dill.*

Myosurus, *Dill.*

Callianthemum, *Mey.*

TRIB. 3. RENONCULÉES, *RANUNCULEÆ.*

Ceratocephalus, *Mœnch.*

Ranunculus, *Hall.*

Ficaria, *Dill.*

TRIB. 4. HELLÉBORÉES, *HELLEBOREÆ.*

Calta, *Linn.*

Trollius, *Linn.*

Eranthis, *Salisb.*

Helleborus, *Adans.*

Coptis, *Salisb.*

Isopyrum, *Linn.*

Garidella, *Tournef.*

Nigella, *Tournef.*

Aquilegia, *Tournef.*

Delphinium, *Tournef.*

Aconitum, *Tournef.*

TRIB. 5. PÆONIÉES, *PÆONIEÆ.*

Trautvetteria, *Fisch.*

Cimicifuga, *Linn.*

Macrotys, *Rafin.*
Actæa, *Linn.*
Zanthorrhiza, *L'Hérit.*
Pæonia, *Tournef.*

FAM. 194? SARRACÉNIÉES, *SARRACENIEÆ.* (58)

Sarracenia, *Linn.*

CLASSE 45. NYMPHEINÉES, *NYMPHEINEÆ.*

FAM. 195. NÉLUMBONÉES, *NELUMBONEÆ.* (58)

Nelumbium, *Juss.*

FAM. 196. NYMPHÆACÉES, *NYMPHÆACEÆ.* (58)

Nymphæa, *Tournef.*
Nuphar, *Smith.*

FAMILLE 197. CABOMBÉES, *CABOMBEÆ.* (58)

CLASSE 46. PIPERINÉES, *PIPERINEÆ.*

FAMILLE 198. SAURURÉES, *SAURUREÆ.* (59)

Anemiopsis, *Nutt.*
Houttuynia, *Thunb.*
Saururus, *Linn.*

FAMILLE 199. PIPÉRACÉES, *PIPERACEÆ.* (59)

Piper, *Linn.*
Macropiper, *Miq.*
Pothomorphe, *Miq.*

Arthanthe, *Miq.*
Peperomia, *R.* et *Pav.*
Enckea, *Kunth.*
Ottonia, *Spreng.* (Serronia, *Gaud.*)

CLASSE 47. URTICINÉES, *URTICINEÆ.*

FAMILLE 200. URTICÉES, *URTICEÆ.* (59)

Urtica, *Tournef.*
Pilea, *Lindl.*
Splitgerbera, *Miq.*
Boehmeria, *Jacq.*
Gesnouinia, *Gaudich.*
Parietaria, *Tournef.*
Pouzolzia, *Gaudich.*
Forskoelea, *Linn.*

FAMILLE 201. ARTOCARPÉES, *ARTOCARPEÆ.* (59)

Antiaris, *Leschen.*
Cecropia, *Linn.*
Coussapoa, *Aubl.*
Artocarpus, *Linn.*
Conocephalus, *Blum.*
Galactodendron ? *H. B.* et *K.*
? Gynocephalum, *Blume.* (Phytocrene,
　　Wall.)

14

FAMILLE 202. MORÉES, *MOREÆ.* (59)

Dorstenia, *Plum.*
Ficus, *Tournef.*
Broussonetia, *Vent.*
Maclura, *Nutt.*
Morus, *Tournef.*

FAMILLE 203. CELTIDÉES, *CELTIDEÆ.* (60)

Mertensia, *H. B.* et *K.*
Celtis, *Tournef.*
Planera, *Gmel.*
Ulmus, *Linn.*

FAMILLE 204. CANNABINÉES, *CANNABINEÆ.* (61)

Cannabis, *Tournef.*
Humulus, *Linn.*

CLASSE 48. POLYGONOIDÉES, *POLYGONOI-DEÆ.*

FAMILLE 205. POLYGONÉES, *POLYGONEÆ.* (61)

Triplaris, *Linn.*
Coccoloba, *Jacq.*
Mueblenbeckia, *Meisn.*
Polygonum, *Linn.*
Ampelygonum, *Lindl.*
Fagopyrum, *Tournef.*
Koenigia, *Linn.*

Ceratogonum, *Meisn.*

Tragopyrum, *M. Bieberst.*

Atraphraxis , *Linn.*

Oxyria, *Hill.*

Rumex, *Linn.*

• Emex, *Neck.*

Rheum, *Linn.*

Calligonum , *Linn.*

Pterostegia , *Fisch.* et *Mey.*

Brunichia, *Banks.*

§ 2. Périgynes , *Perigynæ* (1).

CLASSE 49. CARYOPHYLLINÉES , *CARYO-PHYLLINEÆ.*

FAM. 206 ? NYCTAGYNÉES, *NYCTAGINEÆ.* (62)

Pisonia, *Linn.*

Boldoa , *Cav.* (Salpianthus , *Humb.* et *Bonpl.*)

Bugainvillæa, *Commers.*

Oxybaphus , *L'Hérit.*

Mirabilis , *Linn.*

Boerhaavia , *Linn.*

---

(1) Dans la première classe de cette division , l'insertion est tantôt hypogyne, tantôt périgyne, soit dans la même famille, soit dans les diverses familles qui la constituent ; cette classe forme ainsi une transition très naturelle entre les deux modes d'insertion.

FAM. 207. PHYTOLACCÉES, *PHYTOLACCEÆ*. (63)

Seguieria, *Linn.*
Petiveria, *Linn.*
Rivina, *Linn.*
Limeum, *Linn.*
Microtea, *Swartz.*
Phytolacca, *Linn.*
? Bosia, *Linn.*

FAMILLE 208. CHÉNOPODÉES, *CHENOPODEÆ*. (63)

TRIB. 1. CYCLOLOBÉES, *CYCLOLOBEÆ.*

Salicornia, *Linn.*
Arthrocnemum, *Moq. Tand.*
Anthochlamys, *Fenzl.*
Corispermum, *Juss.*
Agriophyllum, *M. Bieberst.*
Ceratocarpus, *Buxb.*
Eurotia, *Adans.*
Axyris, *Linn.*
Spinacia, *Tournef.*
Obione, *Gærtn.*
Exomis, *Moq. Tand.*
Atriplex, *Linn.*
Blitum, *Linn.*
Monolepis, *Schrad.*
Roubiæva, *Moq. Tand.*
Chenopodium, *Linn.*
Cycloloma, *Moq. Tand.*

Teloxys, *Moq. Tand.*

Beta, *Linn.*

Echinopsilon, *Moq. Tand.*

Kochia, *Roth.*

Panderia, *Fisch.* et *Mey.*

Camphorosma, *Linn.*

ᴛʀɪв. 2. SPIROLOBÉES, *SPIROLOBEÆ.*

Schanginia, *C. A. Mey.*

Suæda, *Forsk.*

Chenopodina, *Moq. Tand.*

Schoberia, *C. A. Mey.*

Salsola, *Linn.*

Halimocnemis, *C. A. Mey.*

FAMILLE 209. BASELLÉES, *BASELLEÆ.* (64)

Ullucus, *Lozano.*

Boussingaultia, *H. B.* et *K.*

Anredera, *Juss.*

Basella, *Linn.*

(64)
FAMILLE 210. AMARANTACÉES, *AMARANTACEÆ.*

ᴛʀɪв. 1. GOMPHRÉNÉES, *GOMPHRENEÆ.*

Iresine, *Willd.*

Gomphrena, *Linn.*

Alternanthera, *Forsk.*

Telanthera, *R. Br.* (Mogiphanes, Buchol-
zia et Brandesia, *Mart.*)

Froelichia, *Mœnch.*

14*

ᴛʀɪʙ. 2. ACHYRANTHÉES, *ACHYRANTHEÆ.*

Polycnemum, *Linn.*
Desmochæta, *De Cand.* (Pupalia, *Juss.*)
Achyranthes, *Linn.*
Aerua, *Forsk.*
Acnida, *Mitch.*
Euxolus, *Rafin.*
Scleropus, *Schrad.*
Mengea, *Schauer.*
Amblogyna, *Rafin.*
Hablitzia, *Marsch. Bieb.*
Chamissoa, *Kunth.*
Amarantus, *Linn.*

ᴛʀɪʙ. 3. CÉLOSIÉES, *CELOSIEÆ.*

Celosia, *Linn.*
Lestibudesia, *P. Thouars.*
Deeringia, *R. Br.*

FAMILLE 211. SILÉNÉES, *SILENEÆ.* (65-67)

Acanthophyllum, *C. A. Mey.*
Drypis, *Linn.*
Velezia, *Linn.*
Dianthus, *Linn.*
Tunica, *Scopol.*
Gypsophila, *Linn.*
Saponaria, *Linn.*
Vaccaria, *Medik.*

Silene, *Linn.*

Cucubalus, *Tournef.*

Viscaria, *Roehl.*

Lychnis, *Tournef.* (Lychnis, *Linn.*; Agros-
temma, *Linn.*; Githago, *Desf.*)

FAMILLE 212. ALSINÉES, *ALSINEÆ.* (67)

Cerastium, *Linn.*

Malachium, *Fries.*

Larbrea, *A. S.-Hil.*

Holosteum, *inn.*

Stellaria, *Linn.*

Moehringia, *Linn.*

Arenaria, *Linn.*

Honkeneja, *Ehrh.*

Lepyrodiclis, *Fenzl.*

Sagina, *Linn.*

Alsine, *Linn.*

Spergula, *Linn.*

FAM. 213. PARONYCHIÉES, *PARONYCHIEÆ.* (68)

TRIB. 1. POLYCARPÉES, *POLYCARPEÆ.*

Drymaria, *Willd.*

Polycarpæa, *Linn.*

Ortegia, *Loeffl.*

Polycarpon, *Loeffl.*

Loefflingia, *Linn.*

Queria, *Loeffl.*

Minuartia, *Loeffl.*
Buffonia, *Sauvag.*

TRIB. 2. ILLÉCÉBRÉES, *ILLECEBREÆ.*

Pollichia, *Soland.*
Scleranthus, *Linn.*
Paronychia, *Juss.*
Illecebrum, *Gœrtn. F.*
Anychia, *Mich.*
Herniaria, *Tournef.*

TRIB. 3. TÉLÉPHIÉES, *TELEPHIEÆ.*

Corrigiola, *Linn.*
Telephium, *Tournef.*

FAMILLE 214. PORTULACÉES, *PORTULACEÆ.* (68)

TRIBU 1. MOLLUGINÉES, *MOLLUGINEÆ.*

Pharnaceum, *Linn.*
Mollugo, *Linn.*

TRIBU 2. CALANDRINIÉES, *CALANDRINIEÆ.*

Montia, *Michel.*
Monocosmia, *Fenzl.*
Claytonia, *Linn.*
Calandrinia, *H. B.* et *K.*
Talinum, *Adans.*
Anacampseros, *Linn.*
Portulaca, *Tournef.*
Portulacaria, *Jacq.*

CLASSE 50. CACTOIDÉES, *CACTOIDEÆ*.

FAMILLE 215. MÉSEMBRYANTHÉMÉES, *MESEM-BRYANTHEMEÆ*. (68)

TRIBU 1. TÉTRAGONIÉES, *TETRAGONIEÆ*.

Theligonum, *Linn.*

Tetragonia, *Linn.*

Galenia, *Linn.*

Trianthema, *Sauvay.*

Sesuvium, *Linn.*

Aizoon, *Linn.*

TRIBU 2. FICOIDÉES, *FICOIDEÆ*.

Glinus, *Loeffl.*

Mesembryanthemum, *Linn.*

FAMILLE 216. CACTÉES, *CACTEÆ*. (69)

Perescia, *Plum.*

Opuntia, *Tournef.* (Opuntia et Nopalea, *Salm.*)

Rhipsalis, *Gærtn.* (Rhipsalis et Lepismium, P*feiff.*)

Epiphyllum, *Pfeiff.*

Phyllocactus, *Link.*

Cereus, *Haw.*

Echinopsis, *Zuccar.*

Pilocereus, *Lem.*

Echinocactus, *Link.*

Malacocarpus, *Salm.*
Melocactus, *Tournef.*
Mamillaria, *Haw.*
Anhalonium, *Lem.*
Pelecyphora, *Ehrenb.*

CL. 51. CRASSULINÉES, *CRASSULINEÆ.*

FAM. 217. CRASSULACÉES, *CRASSULACEÆ.* (70)

Sempervivum, *Linn.*
Sedum, *Linn.*
Echeveria, *De Cand.*
Umbilicus, *De Cand.*
Pistorinia, *De Cand.*
Cotyledon, *De Cand.*
Bryophyllum, *Salisb.*
Kalanchoe, *Adans.*
Rochea, *De Cand.*
Curtogyne, *Haw.*
Thisantha, *Eckl.* et *Zeyh.*
Globulea, *Haw.*
Crassula, *Linn.*
Septas, *Linn.*
Dasystemon, *De Cand.*
Bulliarda, *De Cand.*
Tillæa, *Micheli.*

FAMILLE 218. ÉLATINÉES, *ELATINÆ.* (72)

Elatine, *Linn.*

FAMILLE 219. DATISCÉES, *DATISCEÆ*. (72)

Datisca, *Linn.*

CLASSE 52. SAXIFRAGINÉES, *SAXIFRA-GINEÆ*.

FAMILLE 220. FRANCOACÉES, *FRANCOACEÆ*. (72)

Francoa, *Cavan.*
Tetilla, *De Cand.*

FAM. 221. PHILADELPHÉES, *PHILADELPHEÆ*. (72)

Philadelphus, *Linn.*
. Decumaria, *Linn.*
Deutzia, *Thunb.*

FAMILLE 222. SAXIFRAGÉES, *SAXIFRAGEÆ*, (72)

TRIBU 1 ? CÉPHALOTÉES, *CEPHALOTEÆ*.

Cephalotus, *Labill.*

TRIBU 2. SAXIFRAGÉES, *SAXIFRAGEÆ*.

Chrysosplenium, *Tournef.*
Saxifraga, *Linn.*
Heuchera, *Linn.*
Mitella, *Tournef.*
Mitellopsis, *Meisn.* (Drummondia, *De Cand.*)
Tellima, *R. Br.*
Tiarella, *Linn.*
Hoteia, *Decaisne* et *Morr.*

TRIBU 3. CUNONIACÉES, *CUNONIACEÆ*.

Callicoma, *Andrews*.
Schizomeria, *Don*.
Weinmannia, *Linn*.
Cunonia, *Linn*.
Belangera, *Cambess*.
Bauera, *Kenned*.

TRIBU 4. HYDRANGÉES, *HYDRANGEÆ*.

Hydrangea, *Linn*.

TRIBU 5. ESCALLONIÉES, *ESCALLONIEÆ*.

Escallonia, *Mutis*.
Itea, *Linn*.

FAMILLE 223. RIBÉSIACÉES, *RIBESIACEÆ*. (73)

Ribes, *Linn*.
Robsonia, *Berland*.

CLASSE 53. PASSIFLORINÉES, *PASSIFLO-RINEÆ*.

FAMILLE 224. LOASÉES, *LOASEÆ*. (73)

Bartonia, *Sims*.
Blumenbachia, *Schrad*.
Loasa, *Adans*.
Cajophora, *Presl*.
Mentzelia, *Linn*.

FAMILLE 225. PAPAYACÉES, *PAPAYACEÆ*. (74)

    Carica, *Linn.*

    Vasconcella, *Aug. St.-Hil.*

FAMILLE 226. TURNÉRACÉES, *TURNERACEÆ*. (74)

    Turnera, *Plum.*

FAM. 227. MALESHERBIÉES, *MALESHERBIEÆ*. (74)

    Gynopleura, *Cavan.*

FAM. 228. PASSIFLORÉES, *PASSIFLOREÆ*. (74)

    Passiflora, *Juss.*

    Disemma, *Labill.*

    Murucuia, *Tournef.*

    Tacsonia, *Juss.*

    Modecca, *Linn.*

    Smeathmannia, *Soland.*

FAMILLE 229. SAMYDÉES. *SAMYDEÆ*. (74)

    Samyda, *Linn.*

    Casearia, *Jacq.*

FAMILLE 230. HOMALINÉES, *HOMALINEÆ*. (74)

    Homalium, *Jacq.*

    Blakwellia, *Commers.*

CLASSE 54. HAMAMÉLINÉES, *HAMAMELI-NEÆ*.

FAMILLE 231 ? PLATANÉES, *PLATANEÆ*. (74).

    Platanus, *Linn.*

FAM. 232. BALSAMIFLUÉES, *BALSAMIFLUEÆ.* (74)

Liquidambar, *Linn.*

FAMILLE 233. HAMAMÉLIDÉES, *HAMAMELIDEÆ.* (74)

Hamamelis, *Linn.*

Fothergilla, *Linn. F.*

FAMILLE 234? ALANGIÉES, *ALANGIEÆ.*

FAMILLE 235. BRUNIACÉES, *BRUNIACEÆ.* (75)

Brunia, *Linn.*

Berzelia, *Ad. Brong.*

CLASSE 55. OMBELLINÉES, *UMBELLINEÆ.*

FAM. 236. OMBELLIFÈRES, *UMBELLIFERÆ.* (75)

§ 1. Orthospermées, *Orthospermeœ.*

TRIBU 1. HYDROCOTYLÉES, *HYDROCOTYLEÆ.*

Hydrocotyle, *Tournef.*

Dimetopia, *De Cand.*

Didiscus, *De Cand.*

Pritzelia, *Walp.*

Trachymene, *Rudge.*

Leucolæna, *R. Br.*

Bowlesia, *R. et Pav.*

TRIBU 2. MULINÉES, *MULINEÆ.*

Spananthe, *Jacq.*

TRIBU 3. SANICULÉES, *SANICULEÆ.*

Sanicula, *Tournef.*
Hacquetia, *Neck.*
Astrantia, *Tournef.*
Eryngium, *Tournef.*
Hohenackeria, *Fisch.* et *Mey.*

TRIBU 4. AMMINÉES, *AMMINEÆ.*

Rumia, *Hoffm.*
Cicuta, *Linn.*
Zizia, *Koch.*
Apium, *Hoffm.*
Petroselinum, *Hoffm.*
Trinia, *Hoffm.*
Helosciadium, *Koch.*
Ptychotis, *Koch.*
Falcaria, *Rivin.*
Sison, *Lagasc.*
Ammi, *Tournef.*
Ægopodium, *Linn.*
Carum, *Koch.*
Lomatocarum, *Fisch.* et *Mey.*
Bunium, *Koch.*
Cryptotænia, *De Cand.*
Pimpinella, *Linn.*
Sium, *Koch.*
Buplevrum, *Tournef.*

TRIBU 5. SÉSÉLINÉES, *SESELINEÆ*.

OEnanthe, *Lamk.*

Æthusa, *Linn.*

Fœniculum, *Adans.*

Kundmannia, *Scopol.*

Seseli, *Linn.*

Libanotis, *Crantz.*

Cenolophium, *Koch.*

Cnidium, *Cusson.*

Athamantha, *Koch.*

Ligusticum, *Linn.*

Silaus, *Besser.*

Meum, *Tournef.*

Conioselinum, *Fisch.*

Crithmum, *Tournef.*

TRIBU 6. ANGÉLICÉES, *ANGELICEÆ*.

Levisticum, *Koch.*

Selinum, *Hoffm.*

Ostericium, *Hoffm.*

Angelica, *Hoffm.*

Archangelica, *Hoffm.*

TRIBU 7. PEUCÉDANÉES, *PEUCEDANEÆ*.

Opopanax, *Koch.*

Ferula, *Tournef.*

Eriosynaphe, *De Cand.*

Palimbia, *De Cand.*

Peucedanum, *Linn.*

Imperatoria, *Linn.*
Callisace, *Fisch.*
Bubon, *Linn.*
Anethum, *Tournef.*
Capnophyllum, *Gærtn.*
Pastinaca, *Linn.*
Heracleum, *Linn.*
Zozimia, *Hoffm.*
Hasselquistia, *Linn.*
Tordylium, *Tournef.*

TRIBU 8. SILÉRINÉES, *SILERINEÆ.*

Krubera, *Hoffm.*
Siler, *Scopol.*
Agasyllis, *Hoffm.*

TRIBU 9. CUMINÉES, *CUMINEÆ.*

Cuminum, *Linn.*

TRIBU 10. THAPSIÉES, *THAPSIEÆ.*

Thapsia, *Tournef.*
Laserpitium, *Tournef.*
Melanoselinum, *Hoffm.*

TRIBU 11. DAUCINÉES, *DAUCINEÆ.*

Artedia, *Linn.*
Orlaya, *Hoffm.*
Daucus, *Tournef.*

§ 2. Campylospermées, *Campylospermeæ*.

TRIBU 12. CAUCALINÉES, *CAUCALINEÆ*.

Caucalis, *Linn.*
Turgenia, *Hoffm.*
Torilis, *Adans.*

TRIBU 13. SCANDICINÉES, *SCANDICINEÆ*.

Scandix, *Gærtn.*
Anthriscus, *Hoffm.*
Chœrophyllum, *Linn.*
Sphallerocarpus, *Besser.*
Molopospermum, *Koch.*
Myrrhis, *Scopol.*

TRIBU 14. SMYRNÉES, *SMYRNEÆ*.

Lagœcia, *Linn.*
Echinophora, *Tournef.*
Cachrys, *Tournef.*
Prangos, *Lindl.*
Colladonia, *De Cand.*
Magydaris, *Koch.*
Petrocarvi, *Tausch.*
Conium, *Linn.*
Arracacha, *Bancroft.*
Pleurospermum, *Hoffm.*
Aulacospermum, *Ledeb.*
Physospermum, *Koch.*
Smyrnium, *Linn.*

TRIBU 45. CORIANDRÉES, *CORIANDREÆ.*

Bifora, *Hoffm.*
Coriandrum, *Linn.*

FAMILLE 237. ARALIACÉES, *ARALIACEÆ.* (78)

Panax, *Linn.*
Cussonia, *Thunb.*
Gilibertia, *R.* et *Pav.*
Gastonia, *Commers.*
Aralia, *Linn.*
Sciadophyllum, *P. Br.*
Hedera, *Linn.*
Paratropia, *De Cand.*
Adoxa, *Linn.*
Helwingia, *Willd.*
? Touroulia, *Aubl.*

FAMILLE 238. CORNÉES, *CORNEÆ.* (78)

Benthamia, *Lindl.*
Cornus, *Tournef.*
Aucuba, *Thunb.*
Corokia. *A. Cunningh.*
Curtisia, *Aiton.*

FAMILLE 239? GARRYACÉES, *GARRYACEÆ.* (79)

Garrya, *Lindl.*

CLASSE 56. SANTALINÉES, *SANTALINEÆ*.

FAMILLE 240? CÉRATOPHYLLÉES, *CERATOPHYL-LEÆ*. (79)

Ceratophyllum, *Linn.*

FAM. 241? CHLORANTHACÉE, *CHLORANTHACEÆ*. (79)

Chloranthus, *Swartz.*

FAMILLE 242. LORANTHACÉES, *LORANTHACEÆ*. (79)

Viscum, *Tournef.*

FAMILLE 243. SANTALACÉES, *SANTALACEÆ*. (79)

Santalum, *Linn.*
Osyris, *Linn.*
Thesium, *Linn.*
? Exocarpus, *Labill.*

FAMILLE 244. OLACINÉES, *OLACINEÆ*.

CLASSE 57. ASARINÉES, *ASARINEÆ*.

FAM. 245? BALANOPHORÉES, *BALANOPHOREÆ*.

FAMILLE 246. RAFFLESIACÉES, *RAFFLESIACEÆ*.

FAMILLE 247. CYTINÉES, *CYTINEÆ*.

FAMILLE 248. NÉPENTHÉES, *NEPENTHEÆ*. (79)

Nepenthes, *Linn.*

FAM. 249. ARISTOLOCHIÉES, *ARISTOLOCHIEÆ*. (79)

Asarum, *Tournef.*
Heterotropa, *Decaisne et Morr.*

Aristolochia, *Tournef.*

Bragantia, *Lour.*

CLASSE 58. CUCURBITINÉES, *CUCURBITI-NEÆ.*

FAMILLE 250. BÉGONIACÉES, *BEGONIACEÆ.* (79)

Begonia, *Linn.*

FAMILLE 251. NANDHIROBÉES, *NANDHIROBEÆ.*

(80)
FAMILLE 252. CUCURBITACÉES, *CUCURBITACEÆ.*

Joliffia, *Boj.* (Telfairia, *Hook.*)

Coniandra, *Schrad.*

Melothria, *Linn.*

Zehneria, *Endl.*

Anguria, *Linn.*

Rhynchocarpa, *Schrad.*

Bryonia, *Linn.*

Citrullus, *Necker.*

Ecbalium, *L. C. Rich.*

Momordica, *Linn.*

Luffa, *Tournef.*

Benincasa, *Savi.*

Lagenaria, *Sering.*

Cucumis, *Linn.*

Cucurbita, *Linn.*

Trichosanthes, *Linn.*

Elaterium, *Jacq.*

Cephalandra, *Schrad.*
Cyclanthera, *Schrad.*
Sicyos, *Linn.*
Sechium, *P. Br.*

FAMILLE 253? GRONOVIÉES, *GRONOVIEÆ.* (82)

Gronovia, *Linn.*

CLASSE 58. OENOTHÉRINÉES, *OENOTHE-RINEÆ.*

FAMILLE 254. HALORAGÉES, *HALORAGEÆ.* (82)

? Callitriche, *Linn.*
Hippuris, *Linn.*
Myriophyllum, *Vaill.*
Proserpinaca, *Linn.*
Haloragis, *Forst.* (Cercodia, *Murr.*)
Trapa, *Linn.*
? Gunnera, *Linn.*

FAMILLE 255. OENOTHÉRÉES, *OENOTHEREÆ* (82)

Circæa, *Tournef.*
Gaura, *Linn.*
Lopezia, *Cavan.*
Fuchsia, *Plum.*
Montinia, *Linn.*
Zauschneria, *Presl.*
Epilobium, *Linn.*
Eucharidium, *Fisch.* et *Mey.*

Clarkia, *Pursh.*
Boisduvalia, *Spach.*
Godetia, *Spach.*
Œnothera, *Linn.*
Sphœrostigma, *Sering.*
Meriolix, *Raf.*
Isnardia, *De Cand.*
Jussieua, *Linn.*

FAMILLE 256. COMBRÉTACÉES, *COMBRETACEÆ.* (83)

TRIBU 1. COMBRETÉES, *COMBRETEÆ.*

Quisqualis, *Rumph.*
Combretum, *Lœffl.*
Poivrea, *Commers.*

TRIBU 2. TERMINALIÉES, *TERMINALIEÆ.*

Terminalia, *Linn.*
Bucida, *Linn.*
Conocarpus, *Gœrtn.*

FAMILLE 257. NYSSACÉES, *NYSSACEÆ.* (83)

Nyssa, *Linn.*

FAMILLE 258. RHIZOPHORÉES, *RHIZOPHOREÆ.* (83)

Carallia, *Roxb.*

FAMILLE 259. MÉMÉCYLÉES, *MEMECYLEÆ.* (83)

Memecylon, *Linn.*
Olinia, *Thunb.*

FAM. 260. MÉLASTOMACÉES, *MELASTOMACEÆ*.

TRIB. 1. MÉLASTOMÉES, *MELASTOMEÆ*.

Meriana, *Swartz.*

Lavoisiera, *De Cand.*

Huberia, *De Cand.*

Centradenia, *G. Don.*

Rhynchanthera, *De Cand.*

Spennera, *Mart.*

Microlicia, *G. Don.*

Rhexia, *Linn.*

Marcetia, *De Cand.*

Lasiandra, *De Cand.*

Chœtogastra, *De Cand.*

Arthrostemma, *Pavon.*

Monochœtum, *De Cand.*

Pleroma, *G. Don.*

Melastoma, *Burm.*

Osbeckia, *Linn.*

Clidemia, *G. Don.*

Medinilla, *Gaudich.*

Tetrazygia, *Rich.*

Miconia, *R. et Pav.*

Oxymeris, *De Cand.*

Blakea, *Linn.*

TRIB. 2. CHARIANTHÉES, *CHARIANTHEÆ*.

Charianthus, *G. Don.*

FAMILLE 261. LYTHRARIÉES, *LYTHRARIEÆ*. (84)

Lagerstrœmia, *Linn*.
Lawsonia, *Linn*.
Grislea, *Lœffl*.
Ginoria, *Jacq*.
Nesæa, *Comm*. (Heimia, *Link* et *Ott*.)
Pemphis, *Forst*.
Lythrum, *Linn*.
Cuphea, *Jacq*.
Ammania, *Houst*.
Peplis, *Linn*.

CLASSE 59. DAPHNOIDÉES, *DAPHNOIDEÆ*.

FAMILLE 262. GYROCARPÉES, *GYROCARPEÆ*. (84)

Gyrocarpus, *Jacq*.

FAMILLE 263. LAURINÉES, *LAURINEÆ*. (84)

Cinnamomum, *Burm*.
Camphora, *Nées*.
Apollonias, *Nées*.
Persea, *Gærtn*.
Endiandra, *R. Br*.
Agatophyllum, *Juss*.
Oreodaphne, *Nées*.
Sassafras, *Nées*.
Benzoin, *Nées*.
Tetranthera, *Jacq*. (Tomex, *Thunb*.)

16

Laurus, *Tournef.*

Litsæa, *Juss.*

FAM. 264. HERNANDIACÉES, *HERNANDIACEÆ.* (84)

Hernandia, *Plum.*

FAMILLE 265. THYMÉLÉES, *THYMELEÆ.* (84)

Lagetta, *Juss.*

Daïs, *Linn.*

Thymelina, *Hoffmans.*

Gnidia, *Linn.*

Struthiola, *Linn.*

Pimelea, *Banks* et *Sol.*

Lachnea, *Linn.*

Passerina, *Linn.*

Daphne, *Linn.*

Dirca, *Linn.*

CLASSE 61. PROTÉINÉES, *PROTEINEÆ.*

FAMILLE 266. PROTÉACÉES, *PROTEACEÆ.* (85)

TRIBU 1. PROTÉES, *PROTEÆ.*

Aulax, *Bergius.*

Leucadendron, *Herm.*

Petrophila, *R. Br.*

Isopogon, *R. Br.*

Protea, *Linn.*

Leucospermum, *R. Br.*

Mimetes, *Salisb.*

Spatalla, *Salisb.*
Persoonia, *Smith.*
Brabejum, *Linn.*
Guevina, *Molin.*

TRIBU 2. GRÉVILLÉES, *GREVILLEÆ.*

Anadenia, *R. Br.*
Grevillea, *R. Br.*
Hakea, *Schrad.*
Lambertia, *Smith.*
Rhopala, *Aubl.*
Telopea, *R. Br.*
Knightia, *R. Br.*
Lomatia, *R. Br.*
Stenocarpus, *R. Br.*

TRIBU 3. BANKSIÉES, *BANKSIEÆ.*

Banksia, *Linn.*
Dryandra, *R. Br.*
Hemiclidia, *R. Br.*

FAMILLE 267. ÉLÉAGNÉES, *ELEAGNEÆ.* (84)

Hippophea, *Linn.*
Shepherdia, *Nuttal.*
Eleagnus, *Linn.*

CL. 62. RHAMNOIDÉES, *RHAMNOIDEÆ.*

FAMILLE 268. PÉNÉACÉES, *PENEACEÆ.* (84)

FAMILLE 269. RHAMNÉES, *RHAMNEÆ*. (85)

TRIBU 1. PHYLICÉES, *PHYLICEÆ*.

Phylica, *Linn.*
Trichocephalus, *Ad. Brong.*
Soulangia, *Ad. Brong.*
Pomaderris, *Labill.*
Trymalium, *Fenzl.*
Colletia, *Commers.*
Hovenia, *Thunb.*
Ceanothus, *Linn.*
Colubrina, *L. C. Rich.*
Noltea, *Reichenb.*

TRIBU 2. ZIZYPHÉES, *ZIZYPHEÆ*.

Karwinskia, *Zuccar.*
Rhamnus, *Juss.*
Berchemia, *Necker.*
Condalia, *Cavan.*
Zizyphus, *Tournef.*
Paliurus, *Tournef.*

TRIBU 3. GOUANIÉES, *GOUANIEÆ*.

· Gouania, *Jacq.*

FAM. 270? STACKHOUSIÉES, *STACKHOUSIEÆ*.

CLASSE 63. MYRTOIDÉES, *MYRTOIDEÆ.*

FAMILLE 271. MYRTACÉES, *MYRTACEÆ.* (86)

TRIBU 1. CHAMÆLAUCIÉES, *CHAMÆLAUCIEÆ.*

Calythrix, *Labill.*
Verticordia, *De Cand.*

TRIBU 2. LEPTOSPERMÉES, *LEPTOSPERMEÆ.*

Tristania, *R. Br.*
Calothamnus, *Labill.*
Beaufortia, *R. Br.*
Melaleuca, *Linn.*
Eucalyptus, *L'Hérit.*
Angophora, *Cavan.*
Callistemon, *R. Br.*
Metrosideros, *R. Br.*
Stenospermum, *Sweet.*
Billiotia, *R. Br.*
Hypocalymna, *Endl.*
Pericalymna, *Endl.*
Leptospermum, *Forst.*
Fabricia, *Gærtn.*
Beckea, *Linn.*
Babingtonia, *Lindl.*

TRIBU 3. MYRTÉES, *MYRTEÆ.*

Psidium, *Linn.*
Myrtus, *Tournef.*
Calyptranthes, *Swartz.*

16*

Zizygium, *Gœrtn.*
Caryophyllus, *Tournef.*
Acmena, *De Cand.*
Eugenia, *Michel.*
Jambosa, *Rumph.*

FAMILLE 272. LÉCYTHIDÉES, *LECYTHIDEÆ.* (86)

Bertholetia, *H.* et *Bonpl.*
Couroupita, *Aubl.*
Lecythis, *Lœffl.*
Gustavia, *Linn.*
Barringtonia, *Forst.*

FAMILLE 273. GRANATÉES, *GRANATEÆ.* (86)

Punica, *Tournef.*

FAM. 274. CALYCANTHÉES, *CALYCANTHEÆ.* (86)

Calycanthus, *Linn.*
Chimonanthus, *Lindl.*

FAMILLE 275. MONIMIÉES, *MONIMIEÆ.* (86)

Peumus, *Pers.* (Boldoa, *Juss.*; Ruizia, *Pav.*)

CLASSE 64. ROSINÉES, *ROSINEÆ.*

FAMILLE 276. POMACÉES, *POMACEÆ.* (87-91)

Cydonia, *Tournef.*
Pyrus, *Lindl.*

Mespilus, *Lindl.*

Amelanchier, *Medik.*

Cotoneaster, *Medik.*

Eriobotrya, *Lindl.*

Photinia, *Lindl.*

Raphiolepis, *Lindl.*

Cratægus, *Linn.*

Stranvæsia, *Lindl.*

FAMILLE 277. NEURADÉES, *NEURADEÆ.*

FAMILLE 278. SPIRÉACÉES, *SPIREACEÆ.* (91)

Kerria, *De Cand.*

Spiræa, *Linn.*

Gillenia, *Mœnch.*

Kageneckia, *R.* et *Pav.*

Lindleya, *H. B.* et *K.*

FAMILLE 279. ROSACÉES, *ROSACEÆ.* (92)

TRIBU 1. ROSÉES, *ROSEÆ.*

Rosa, *Tournef.*

Hulthenia, *Dumort.*

TRIBU 2. DRYADÉES, *DRYADEÆ.*

Rubus, *Linn.*

Dalibarda, *Linn.*

Fragaria, *Linn.*

Potentilla, *Linn.*

Comarum, *Linn.*

Horkelia, *Cham.* et *Schlecht.*

Sibbaldia, *Linn.*

Comaropsis, *L. C. Rich.*

Waldsteinia, *Willd.*

Dryas, *Linn.*

Coluria, *R. Br.*

Geum, *Linn.*

Sieversia, *R. Br.*

Aremonia, *Neck.*

Agrimonia, *Tournef.*

Margyricarpus, *R.* et *Pav.*

Alchemilla, *Tournef.*

Acæna, *Vahl.* (Ancistrum, *Forst.*)

Sanguisorba, *Linn.*

Poterium, *Linn.*

Cliffortia, *Linn.*

FAMILLE 280. AMYGDALÉES, *AMYGDALEÆ.* (94)

Amygdalus, *Linn.*

α. Amygdalus, *Tournef.*
β. Persica, *Tournef.*

Prunus, *Linn.*

α. Armeniaca, *Tournef.*
β. Prunus, *Tournef.*
δ. Cerasus, *Juss.*

(96)
FAM. 281. CHRYSOBALANÉES, *CHRYSOBALANEÆ.*

Chrysobalanus, *Linn.*

Parinarium, *Aubl.*

CL. 65. LÉGUMINOSÉES, *LEGUMINOSÆ.*

(97-105)

FAMILLE 282. PAPILLONACÉES, *PAPILIONACEÆ.*

TRIBU 1. PODALYRIÉES, *PODALYRIEÆ.*

Anagyris, *Tournef.*
Thermopsis, *R. Br.*
Baptisia, *Vent.*
Cyclopia, *Vent.*
Podalyria, *Lamarck.*
Brachysema, *R. Br.*
Callistachys, *Vent.*
Oxylobium, *Andrews.*
Podolobium, *R. Br.*
Chorosema, *Labill.*
Gompholobium, *Smith.*
Jacksonia, *R. Br.*
Viminaria, *Smith.*
Sphœrolobium, *Smith*
Dillwynia, *Smith.*
Eutaxia, *R. Br.*
Pultænea, *Smith.*
Mirbelia, *Smith.*

TRIBU 2. LOTÉES, *LOTEÆ.*

§ 1. Génistées, *Genisteæ.*

Hovea, *R. Br.*
Platylobium, *Smith.*
Bossiœa, *Vent.*

Goodia, *Salisb.*

Templetonia, *R. Br.*

Rafnia, *Thunb.*

Borbonia, *Linn.*

Liparia, *Linn.*

Priestleya, *De Cand.*

Hallia, *Thunb.*

Crotalaria, *Linn.*

Lupinus, *Tournef.*

Loddigesia, *Sims.*

Hypocalyptus, *Thunb.*

Aspalathus, *Linn.*

Krebsia, *Eckl.* et *Zeyh.*

Adenocarpus, *De Cand.*

Ononis, *Linn.*

Erinacea, *Boissier.*

Ulex, *Linn.*

Spartium, *De Cand.*

Sarothamnus, *Wimmer.*

Genista, *Lamarck.*

Retama, *Boissier.*

Argyrolobium, *Eckl.* et *Zeyh.*

Cytisus, *Linn.*

Anthyllis, *Linn.*

§ 2. Trifoliées, *Trifolieœ.*

Medicago, *Linn.*

Trigonella, *Linn.*

Pocockia, *Sering.*
Melilotus, *Tournef.*
Trifolium, *Tournef.*
Dorycnium, *Tournef.*
Lotus, *Linn.*
Tetragonolobus, *Scopol.*
Hosackia, *Dougl.*

§ 3. Galégées, *Galegeæ.*

Petalostemum, *L. C. Rich.*
Dalea, *Linn.*
Amorpha, *Linn.*
Eysenhardtia, *H. B.* et *K.*
Psoralea, *Linn.*
Ototropis, *Benth.*
Indigofera, *Linn.*
Glycyrrhiza, *Tournef.*
Galega, *Tournef.*
Tephrosia, *Pers.*
Lonchocarpus, *H. B.* et *K.*
Robinia, *Linn.*
Sesbania, *Pers.*
Agati, *Rheed.*
Caragana, *Lam.*
Halimodendron, *Fisch.*
Calophaca, *Fisch,*
Colutea, *Linn.*
Swainsonia, *Salisb.*

Lessertia, *De Cand.*
Sutherlandia, *R. Br.*
Clianthus, *Soland.*
Carmichælia, *R. Br.*

§ 4. Astragalinées, *Astragalineæ.*

Phaca, *Linn.*
Oxytropis, *De Cand.*
Astragalus, *Linn.*
Bisserula, *Linn.*

TRIBU 3. VICIÉES, *VICIEÆ.*

Cicer, *Tournef.*
Pisum, *Tournef.*
Ervum, *Linn.*
Vicia, *Linn.*
Lathyrus, *Linn.*
Orobus, *Tournef.*

TRIBU 4. HÉDYSARÉES, *HEDYSAREÆ.*

Scorpiurus, *Linn.*
Coronilla, *Linn.*
Arthrolobium, *Desv.*
Ornithopus, *Linn.*
Hippocrepis, *Linn.*
Bonaveria, *Scopol.*
Pictetia, *De Cand.*
Amicia, *Kunth.*
Arachis, *Linn.*

Adesmia, *De Cand.*

Æschynomene, *Linn.*

Lourea, *Neck.*

Uraria, *Desv.*

Desmodium, *De Cand*

Hedysarum, *Linn.*

Onobrychis, *Tournef.*

Lespedeza, *L. C. Rich.*

Ebenus, *Linn.*

Alhagi, *Tournef.*

Alysicarpus, *Neck.*

Nissolia, *Jacq.*

TRIBU 5. PHASÉOLÉES, *PHASEOLEÆ.*

Amphicarpea, *Elliot.*

Clitoria, *Linn.*

Centrosema, *De Cand.*

Kennedya, *Vent.*

Zichya, *Hugel.*

Physolobium, *Benth.*

Hardenbergia, *Benth.*

Soja, *Moench.*

Glycine, *Linn.*

Galactia, *P. Brown.*

Dioclea, *H. B. et K.*

Canavalia, *De Cand.*

Mucuna, *Adans.*

Erythrina, *Linn.*

17

Butea, *Kœnig*.

Wisteria, *Nutt*.

Apios, *Boerh*.

Phaseolus, *Linn*.

Vigna, *Savi*.

Dolichos, *Linn*.

Lablab, *Adans*.

Fagelia, *Neck*.

Cajanus, *De Cand*.

Rhynchosia, *De Cand*.

Cyanospermum, *Wight* et *Arn*.

Flemingia, *Roxb*.

Abrus, *Linn*.

TRIBU 6. DALBERGIÉES, *DALBERGIEÆ*.

Hecastophyllum, *Kunth*.

Pongamia, *Lamarck*.

Dalbergia, *Linn. f.*

Geoffroya, *Jacq*.

Dipterix, *Schreb*.

TRIBU 7. SOPHORÉES, *SOPHOREÆ*.

Edwardsia, *Salisb*.

Sophora, *Linn*.

Ammodendron, *Fisch*.

Calpurnia, *E. Mey*.

Virgilia, *Lamarck*.

Cladrastis, *Raf*.

Styphnolobium, *Schott*.

Castanospermum, *Cunningh.*

Ormosia, *Jacks.*

FAMILLE 283. CÆSALPINIÉES, *CÆSALPINIEÆ.* (106)

Hæmatoxylon, *Linn.*

Parkinsonia, *Plum.*

Gymnocladus, *Lamarck.*

Schizolobium, *Vogel.*

Guilandina, *Juss.*

Poinciana, *Linn.*

Cæsalpinia, *Plum.*

Hoffmanseggia, *Cavan.*

Colvillea, *Bojer.*

Cadia, *Forsk.* (Spandoncea, *Desf.*)

Cassia, *Linn.*

Labichea, *Gaudich.*

Swartzia, *Willd.*

Brownea, *Jacq.*

Amherstia, *Wall.*

Jonesia, *Roxb.*

Schottia, *Jacq.*

Tamarindus, *Linn.*

Vouapa, *Aubl.*

Hymenæa, *Linn.*

Bauhinia, *Plum.*

Schnella, *Raddi.* (Caulotretus, *Spr.*)

Cercis, *Linn.*

Cynometra, *Linn.*

Copaifera, *Linn.*
Dialium, *Linn.*
Ceratonia, *Linn.*
Gleditschia, *Linn.*

FAMILLE 284. MIMOSÉES, *MIMOSEÆ.* (107)

TRIBU 1. PARKIÉES, *PARKIEÆ.*

Parkia, *R. Br.*

TRIBU 2. MIMOSÉES, *MIMOSEÆ.*

Entada, *Adans.*
Piptadenia, *Benth.*
Adenanthera, *Linn.*
Gagnebina, *Neck.*
Lagonichium, *Bieberst.*
Prosopis, *Linn.*
Dichrostachys, *Benth.*
Neptunia, *Loureir.*
Desmanthus, *Willd.*
Mimosa, *Adans.*
Schranckia, *Willd.*
Leucæna, *Benth.*

TRIBU 3. ACACIÉES, *ACACIEÆ.*

Acacia, *Neck.*
Albizzia, *Durazz.*
Calliandra, *Benth.*
Inga, *Plum.*

FAMILLE 285. MORINGÉES, *MORINGEÆ*. (107)

Moringa, *Juss.*

CLASSE 66. AMENTACÉES, *AMENTACEÆ*.

FAMILLE 286. JUGLANDÉES, *JUGLANDEÆ*. (108)

Juglans, *Linn.*
Pterocarya, *Kunth.*
Carya, *Nuttal.*

FAMILLE 287. SALICINÉES, *SALICINEÆ*. (109)

Populus, *Tournef.*
Salix, *Tournef.*

FAMILLE 288. QUERCINÉES, *QUERCINEÆ*. (112)

Castanea, *Tournef.*
Fagus, *Tournef.*
Quercus, *Linn.*
Corylus, *Tournef.*
Ostrya, *Micheli.*
Carpinus, *Linn.*

FAMILLE 289. BÉTULINÉES. *BETULINEÆ*. (117)

Alnus, *Tournef.*
Betula, *Tournef.*

FAMILLE 290. MYRICÉES, *MYRICEÆ*. (118)

Myrica, *Linn.*
Comptonia, *Banks.*

17*

FAMILLE 291. CASUARINÉES, *CASUARINEÆ*. (118)

Casuarina, *Rumph.*

2° SOUS-EMBRANCHEMENT. GYMNOSPERMES, *GYMNOSPERMÆ*.

CLASSE 67. CONIFÈRES, *CONIFERÆ*.

FAMILLE 292. GNÉTACÉES, *GNETACEÆ*. (119)

Ephedra, *Linn.*
Gnetum, *Linn.* (Thoa, *Aubl.*)

FAMILLE 293. TAXINÉES, *TAXINEÆ*. (119)

Ginkgo, *Kœmpf.* (Salisburia, *Smith.*)
Phyllocladus, *L. C. Rich.*
Cephalotaxus, *Zuccar.*
Taxus, *Tournef.*
Torreya, *W. Arnott.*
Dacrydium, *Soland.*
Podocarpus, *L'Hérit.* (Nageia, *Gœrtn.*)

FAM. 294. CUPRESSINÉES, *CUPRESSINEÆ*. (119)

Taxodium, *L.C. Rich.* (Schubertia, *Mirb.*)
Glyptostrobus, *Endl.*
Cryptomeria, *Don.*

Widdringtonia, *Endl.* (Pachylepis *Ad.*
   Br.)
Cupressus, *Tournef.*
Callitris, *Venten.*
Frenela, *Mirb.*
Actinostrobus, *Miq.*
Libocedrus, *Endl.*
Thuja, *Tournef.*
Juniperus, *Linn.*

FAMILLE 295. ABIÉTINÉES, *ABIETINEÆ.* (121)

Picea, *Link.*
Abies, *Link.*
Larix , *Tournef.*
Cedrus, *Miller.*
Pinus, *Tournef.*
Sequoia, *Endl.*
Cunninghamia, *R. Br.*
Arthrotaxis, *Don.*
Dammara, *Rumph.*
Araucaria, *Juss.*
Eutassa, *Salisb.*

CLASSE 68. CYCADOIDÉES, *CYCADOIDEÆ.*

FAMILLE 296. CYCADÉES, *CYCADEÆ.* (126)

Zamia, *Linn.*
Ceratozamia, *Brong.*

Encephalartos, *Lehm.*
Dion, *Lindl.*
Macrozamia, *Miquel.*
Cycas, *Linn.*

FIN.

TABLE ALPHABÉTIQUE

DES MATIÈRES.

18

18*

19

20*

FIN DE LA TABLE.

ERRATA.

Pag. 30, ligne 3, PERSONNÉES, *lisez :* PERSONÉES.
    37, ligne 6, Annonacées, *lisez :* Anonacées.
   110, ligne 8, PERSONZÆ, *lisez :* PERSONATÆ.
   141, *reportez* le titre CLASSE 36, HESPÉRIDÉES entre les fa-
      milles 157 et 158.
   159, ligne 14, NYCTAGYNÉES, *lisez :* NYCTAGINÉES.
   168, ligne 13, RIBESIACÉES, *RIBESIACEÆ*, *lisez :* RIBE-
      SIÉES, *RIBESIEÆ.*

ALLIONII (C.). Flora Pedemontana sive Enumeratio methodica stirpium indigenarum Pedemontii. *Turin*, 1785, 3 vol. in-fol., avec 92 planches. 36 fr.

BARNEOUD (Marius). Monographie générale de la famille des Plantaginées. *Paris*, 1845, in-4. 2 fr.

— Mémoire sur l'anatomie et l'organisation du *Trapa natans*. Paris, 1848, in-8, avec 4 planches. 1 fr. 25

BRUCH et SCHIMPER. Bryologia Europæa seu Genera Muscorum Europæorum monographice illustrata. *Stuttgartiæ*, 1839-1849. Fasciculi I à XLI, in-4, contenant 447 planches. Prix de la livraison. 11 fr.

BULLIARD. Histoire des plantes vénéneuses et suspectes de la France. *Paris*, 1798, in-8. 4 fr. 50.

— Flora Parisiensis, ou Description et figures des plantes qui croissent aux environs de Paris, avec les différents noms, classes, ordres et genres qui leur conviennent, rangés suivant la méthode sexuelle de Linné. *Paris*, 1786, 6 vol. in-8, avec 640 planches coloriées. 80 fr.

CAVANILLES (A.-J.). Icones et descriptiones plantarum quæ aut sponte in Hispania crescunt, aut in hortis hospitantur. *Matriti*, 1791-1801, 6 vol. in-fol., avec 600 planches. 300 fr.

— Monadelphia, classis dissertationes decem. *Matriti*, 1790, 2 vol. in-4, avec 296 planches. 90 fr.

CHOULETTE. Synopsis de la Flore de Lorraine et d'Alsace. *Strasbourg*, 1845. Première partie, tableau analytique des genres et des espèces, in-18. 2 fr. 50

COLLADON. Histoire naturelle et médicale des Casses et particulièrement de la Casse et des Sénés employés en médecine. *Montpellier*, 1816. in-4, avec 20 planches. 40 fr.

DE CANDOLLE (A.-P.). Plantes rares du jardin botanique de Genève. *Genève*, 1829, in-4, avec 24 planches coloriées. 20 fr.

DELAROCHE (F.). Eryngiorum necnon generis novi Alepideæ historia. *Parisiis*, 1808, in-fol., avec 32 planches. 18 fr.

DESFONTAINES. Flora Atlantica, sive Historia plantarum quæ Atlante, agro Tunetano et Algeriensi crescunt, auct. R. Desfontaines, professeur de botanique au Muséum d'histoire naturelle, 2 vol. in-4, accompagnés de 261 planches, dessinées par Redouté, et gravées avec le plus grand soin. 70 fr.

DUTROCHET. Mémoires pour servir à l'histoire anatomique et physiologique des végétaux et des animaux, *avec cette épigraphe :* « Je considère comme non avenu tout ce que j'ai publié précédemment sur ces matières, et qui ne se trouve point reproduit dans cette collection. » *Paris*, 1837, 2 forts vol. in-8, avec atlas de 30 planches gravées. 24 fr.

FEE. Mémoires sur la famille des fougères : 1er Mémoire. Examen des bases adoptées dans la classification des fougères et en particulier de la nervation ; 2e Mémoire. Histoire des acrostiches. *Strasbourg*, 1844, in-fol., avec 66 planches. 76 fr.

— Essai sur les cryptogames des écorces exotiques et officinales. *Paris*, 1825-1837 ; deux parties in-4, avec 43 pl. col. 60 fr.

— De la reproduction des végétaux. *Strasbourg*, 1833, in-4. 1 fr. 50

— Mimosa pudica : Mémoire physiologique et organographique

sur la sensitive et les plantes dites sommeillantes. *Strasbourg*, 1849, in-4, avec 1 planche 2 fr. 50

FIELDING AND **GARDNER.** Sertum plantarum ; or Drawings and descriptions of rare and undescribed plants from the author's herbarium *London*, 1844, in-8, avec 75 pl. 27 fr. 50

GRENIER ET **GODRON.** Flore de France, ou Description des plantes qui croissent naturellement en France et en Corse. *Paris*, 1848, 3 forts volumes in 8 de chacun 800 pages, publiés en six parties. — Le tome Ier en deux parties est publié : Prix de chaque partie. 7 fr.

GODRON (**D.-A.**). Flore de Lorraine (Meurthe, Moselle, Meuse, Vosges). *Nancy*, 1843-1845, 3 vol. in-12. 12 fr.

HOOKER (**W.-J.**). Musci exotici containing figures and descriptiones of new or little known foreign mosses and other cryptogamic subjects. *London*, 1820, 2 vol. in-8, avec 176 planches coloriées. 75 fr.

— Le même, 2 vol. in-8, fig. noires. 35 fr.

— The London Journal of botany ; containing figures and descriptions of such plants as recommend themselves by ther novelty, rarity, history or uses, etc. *London*, 1842 à 1849, 8 forts vol. in-8, avec 24 planches chacun. Prix de chaque année ou volume. 37 fr. 50

— Icones plantarum, or figures and descriptions of new and rare plants selected from the herbarium. *London*, 1842-1848, 4 vol. in-8 de chacun 100 pl. Prix de chaque volume. 36 fr.

— Niger Flora, or an Enumeration of the plants of western tropical Africa, collected by Th. Vogel, including spicilegia gorgonea, by P. B. Webb, and flora nigritiana, by W. J Hooker. *London*, 1849, 1 vol. in-8, avec 50 planches. 27 fr.

JORDAN (**A.**). Observations sur plusieurs plantes nouvelles, rares ou critiques de la France. *Paris*, 1846-1847, 6 part. in-8, avec 29 planches gravées. 23 fr. 50

LABILLARDIERE. Icones plantarum Syriæ rariorum descriptionibus et observationibus illustratæ. *Parisiis*, 1791, decas I ad V, in-4, avec 50 planches. 15 fr.

— Novæ Hollandiæ plantarum specimen. *Parisiis*, 1804, 2 vol. grand in-4, avec 265 planches. 30 fr.

— Sertum austro-caledonicum. *Parisiis*, 1824, pars I et II, in-4, avec 80 planches. 20 fr.

LAMOTTE (Martial). Catalogue des plantes vasculaires de l'Europe centrale, comprenant la France, la Suisse, l'Allemagne, par Martial Lamotte. *Paris*, 1847, in-8 de 104 pages, petit-texte à deux colonnes. 2 fr. 50

LECOQ ET **JUILLET.** Dictionnaire raisonné des termes botaniques et des familles naturelles; contenant l'étymologie et la description détaillée de tous les organes, leur synonymie et la définition de tous les adjectifs qui servent à les décrire, suivi d'un vocabulaire des termes grecs et latins les plus généralement employés dans la glossologie botanique, 1 fort vol. in-8. 9 fr.

LOISELEUR DESLONCHAMPS. Flora Gallica, seu Enumeratio plantarum in Gallià sponte nascentium, secundum Linnæanum systema digestarum, addita familiarum naturalium synopsi.

Editio secunda, aucta et emendata, cum tabulis 31. *Paris*, 1828, 2 vol. in-8.   16 fr.

LLOYD (**J.**) Flore de la Loire-Inférieure. *Nantes*, 1844, 1 vol. in-18.   4 fr.

LOREY ET DUREY. Flore de la Côte-d'Or, ou Description des plantes indigènes et des espèces les plus généralement cultivées et acclimatées, observées dans ce département, suivant la méthode de Jussieu, *Dijon*, 1831, 2 vol. in-8, avec 7 planches.   12 fr.

MAZZANTI (**E.-F.**). Specimen bryologiæ Romanæ. *Romœ*, 1841. in-8.   3 fr.

MERAT. Revue de la Flore parisienne, contenant : 1° la révision avec corrections, additions et observations des plantes qui la composent ; 2° deux notices sur des plantes controversées de la même localité ; 3° la synonymie linnéenne de toutes les plantes du *Botanicon Parisiense* de Vaillant, avec le texte de cet auteur en regard, etc. Ouvrage formant le complément aux quatre éditions de la *Nouvelle Flore des environs de Paris* et au *Synopsis*. Paris, 1843, in-8.   5 fr. 50

MOQUIN TANDON. Éléments de tératologie végétale, ou Histoire des anomalies de l'organisation dans les végétaux. *Paris*, 1841, in-8.   6 fr. 50

MUMBY (**G.**). Flore de l'Algérie ou Catalogue des plantes indigènes du royaume d'Alger, accompagnée des descriptions de quelques espèces nouvelles ou peu connues. *Paris*, 1847, in-8, avec 6 planches.   4 fr.

PALISSOT-BEAUVOIS. Essai d'une nouvelle agrostographie, ou nouveaux genres de graminées. *Paris*, 1812, in-4, avec 25 planches.   15 fr.
— Le même ouvrage, in-8, avec atlas de 25 pl. in-4.   10 fr.

PLEE (**F.**). Types de chaque famille et des principaux genres des plantes qui croissent spontanément en France, exposition détaillée et complète de leurs caractères et de l'embryologie. *Paris*, 1844-1849, ouvrage publié par livraisons, chacune d'une planche in-4, gravée et coloriée, avec un texte descriptif ; 41 livraisons sont en vente. Prix de chacune.   1 fr. 50

RASPAIL. Nouveau système de physiologie végétale et de botanique, fondé sur de nouvelles méthodes d'observation, accompagné de 60 planches, contenant près de 1000 figures d'analyse dessinées d'après nature et gravées avec le plus grand soin. *Paris*, 1837, 2 forts vol. in-8, et atlas de 60 planches.   30 fr.
— Le même ouvrage, pl. col.   50 fr.

RUIZ ET PAVON. Flora Peruviana et Chilensis ; sive novorum generum plantarum peruvianium et chilensium descriptiones et icones. *Matriti*, 1798-1802, 4 vol. in-fol. avec 362 pl. 270 fr.

THURMANN (**J.**). Essai phytostatique appliqué à la chaîne du Jura et aux environs, ou Etude de la dispersion des plantes vasculaires, envisagées principalement quant à l'influence des roches sous-jacentes. *Berne*, 1849, 2 vol. in-8, avec 7 pl. 20 fr.

VAUCHER. Histoire des conferves d'eau douce, contenant leurs différents modes de productions et la description de leurs principales espèces. *Genève*, 1803, in-4, avec 17 planches.   10 fr.